U0029175

# 當商業開始改變世界

從亞當・斯密到巴菲特,
探看近300年世界商業思潮
演變與影響

吳曉波——著

50
BUSINESS
MUST-READS

推薦文

# 鑑往知來，帶來全新的商業視野

朱文儀（臺灣大學工商管理系暨商學研究所教授）

每當推薦商管名著時，總是感覺難下定論，因為影響世界經濟與商業脈動的知識體系如此龐大，而經典原著又往往令人卻步。本書試圖以精煉的內容，為商業發展勾勒出宏觀的時代畫軸，淺顯易懂的筆調讓讀者親炙大師風采，迅速汲取經典精髓。

本書涵蓋面向深而廣，收錄經濟、政治、歷史、心理學等推動時代變遷的著作。對當代讀者來說，商業世界呈現出動盪紛擾的戰場樣貌，尤其在中美貿易戰等大環境下，歷史累積的前人智慧，或許更能指引我們如何洞悉大局、以正確行動迎接不確定性。

舉例來說，《烏合之眾》精彩演繹資本家如何操控群體心理；《選擇的自由》點出明辨是非的準則；《誰說大象不會跳舞？》提供危機管理的戰略思維；而《隱形冠軍》強調專精的價值，以迎接《第三波》、《釋控》、《奇點臨近》所預言的新社會秩序的到來。

本書另一個特殊之處，在於以華人視角出發。百年來商管知識的發展，素以歐美世界為主流。本書收納八本以中國為主體的著作，引導讀者思索中國經濟的歷代興衰起落，使讀者進一步了解大陸市場，並釐清推動其經濟發展的複雜因子。

瀏覽五十幅精彩的商業畫軸，鑑往知來，相信能為你帶來全新的商業視野。

推薦文

# 與兩百多年的經典之作久別重逢

安納金（《一個投機者的告白實戰書》暢銷財經作家）

現今經濟學、管理學兩大主流引領著全球商業的知識體系，然而門派眾多、觀點各有不同，要能夠綜觀這些不同大師之間的觀點、分辨出異同，同時又能夠用清晰的思維脈絡將其貫串統合起來，誠屬不易。

此書作者吳曉波，堪稱當今中國推廣財經新知相關領域最具影響力的第一把交椅。他從上千本經典著作當中，精挑細選出五十本，並且繪製了一張知識圖譜，勾勒出兩百多年以來經濟理論和商業知識的進化與迭代，看了著實令人驚豔！

我認為，要精通羅列五十本觀點截然不同的大師名實屬難能可貴，更何況經由作者融合提出有別於這些大師之外、獨樹一格的觀點見地與評論，創造出新的價值，這在當今財經界能做到的作家可謂屈指可數。

此書追本溯源，從兩百多年前商業與經濟始祖亞當・斯密（Adam Smith）所撰之《國富論》做為發軔，並以「當商業開始改變世界」、「成長的策略與祕密」、「動盪年代與潮汐的方向」、「無法終結的歷史與思想」、「企業家書寫的傳奇」、「誰來講述中國事？」六大主題來做為知識體系的分流與梳理，最後歸結到近代人們關心的中國未來發展，貫串成為一張脈絡分明的知識地圖，此書可謂兩岸最近三十年來在財經企管領域最好的一本集大成之作！

作者自述，近年來屢屢收悉眾多年輕人請益：「我該讀哪些書，能不能開一個書單？」此情此刻，不免泛起一絲茫然，因爲就好比「如何度過一生」這樣的問題，皆屬於一個因人而異且難以簡述的難題。在我過去二十多年於投資圈打滾的經驗當中，也不下數百次被問及希望我推薦「必讀的幾本財經書」，因此深有同感而力有未逮。如今，這一本統合了兩百多年來財經、企管界最經典的五十本著作，算是解決了許多人的難題，我由衷地感謝此書作者，爲當代財經企管領域的教育者們提供了一個良好的指引。

作者言及：「在思想市場上，沒有一個人是孤獨的，所有河流都有節點和源頭，一切的繁茂都是歷史與當下沖積後的結果。」又說：「它們是我生命中的一些親切的陌生人，偶然遇到，從未離去，遠遠地站在那裡，像一個個長滿了記憶青苔的木樁。」如此闡述眞諦與意境，深深令我著迷，有如王家衛的電影《一代宗師》當中的一段經典台詞：「世間所有的相遇，都是久別重逢。」

希望透過此書，讓曾經學習過經濟學和管理學的人們，與那些年我們曾經一起拜讀過的經典名著再度久別重逢；而對於從未研習過相關領域的人來說，我相信這將是一次最美好的邂逅！

願善良、紀律、智慧與你我同在！

推薦文

# 經濟與商業發展的導航

何則文（暢銷作家、「職涯實驗室」社群創辦人）

這是一本非常好的商業入門書，用吳曉波流暢優美的文字，把五十本影響近代商業史的巨作一一梳理，包含作者的時代背景、寫作思維和關鍵觀點各個分析。不僅簡單好讀，更能讓人快速吸收，用一本書的時間，讓我們了解近三百年來的經濟學與商業的發展脈絡，給了我們一個導航。

而這不只是一個商業的書單分享，更是一個人文的豐盛饗宴，吳曉波對於歷史的重視，讓歷史著作的組成在這書單中占了相當比例。「世界是如何形成今天的樣貌？」透過這本書分享的每本影響世界的巨作，我們可以看到一個鮮明的全貌，跟一個可能的解答。

吳曉波也在書末提出一個很棒的概念，這些巨作影響並間接塑造了今天的世界，但我們不能讓自己被這些巨作限制住，占領我們的思維，而是要敞開心胸，勇敢開創屬於自己的思想。

相信藉由這本好書，我們都能在時代進程的偉大浪潮中，透過閱讀的積累讓自己視野更加廣闊。

推薦文

# 溫故而知新的閱讀喜悅

許士軍（逢甲大學人言講座教授）

對於許多人，尤其是關心經濟或企業經營發展和思想方面的讀者來說，相信這是他們夢寐以求的一本書。

首先，作者從浩瀚的書海中，精選了五十本具有代表性的著作，這本身就是一大工程；然後透過作者流暢的文筆，將它們精煉爲一篇篇清晰易讀的文字，這又顯現出作者的另一層難得的功力。

整書讀來，可以感受到，作者對於社會經濟與企業經營思想脈絡的掌握和精湛素養，在評述各家思想中表現出一種均衡和客觀的觀點。這對於讀者更進一步的探索，提供良好的基礎和指引。有了這本書，人們可以在當今忙碌而緊張的生活中，不必自己硬擠出時間和精力去閱讀這些經典名著，但是仍然可以領悟到這些偉大作品或事業經營的精華。

至少，這本書讓我個人讀來，有一種，「溫故而知新」的喜悅和不忍釋手的感覺。

推薦文

# 與商業經典展開深度對話

許景泰（大大學院創辦人）

吳曉波是中國知名的財經作家，也是一位大咖的知識網紅。我長年訂閱他的知識付費頻道，他推出的《每天聽見吳曉波》訂閱頻道，超過一千萬爲鐵粉訂閱，而《吳曉波精講50本商業經典》，若說是華人最受歡迎的付費說書音頻，也眞的一點都不誇張。如今這五十本商業必讀經典，已集結彙整出版，眞的非常值得你仔細品讀。

我之所以如此推崇此書，理由只有一個，因爲吳曉波有獨一無二的導讀魅力，他總能將一本厚重的經典大書，用最簡明扼要、好懂秒懂的言詞，帶你進入這本書的核心觀點，幫你快速吸取到該書最有價値的核心內容。吳曉波能讓每一本好書，帶你潛入和作者深度對話，從中讓你與書有了新連結、新漣漪、新共鳴！

我堅信，一本好書若找到一位好的說書人，將會爲你打開全新看世界、看商業的多元視角，更能幫助你做不一樣的深度思考。而這本書一口氣就帶你敲開了五十本商業經典，對企業老闆、經理人，乃至於個人，絕對在任何時候拿起來翻閱，總能找到極具啓發性的深刻反思。

推薦文

# 手持經典路引，勝券在握前行

楊斯棓（方寸管顧首席顧問、《人生路引》作者）

著作等身的吳曉波先生有許多封號，其中之一甚至冠上了中國之最：最有錢的財經記者。有那麼幾年，當他一年寫一本暢銷書時，也維持一年買一間房的速度，名氣響亮，囷倉自實。

一九九五年，川普推出同名礦泉水，被譏為世上最難看以及最難喝的礦泉水。相隔四年，太平洋彼端的吳曉波，用五十萬租下台灣人聽來有異樣感覺的千島湖的一個半島，種滿楊梅樹。十六年後，釀酒裝瓶，命名「吳酒」，小農大賈，趨之若鶩，三十三小時賣了五千瓶，隔四個月二度販售，成績依然不俗，三天賣了三萬三千瓶。

頂尖商業作家寫出暢銷書似乎只是低標，賣酒，也賣得極潮。

《我書架上的神明》這本書，由七十二位學者向讀者介紹影響自己最大的經典。《當商業開始改變世界》堪稱《我書架上的神明》的吳曉波欽點版，由他一人拍板。

吳曉波在本書中談商業、成長、動盪年代、分析了多位大師經典名作，最後談企業家與近代中國。

那麼「經典」又是什麼？古巴作家伊塔羅・卡爾維諾（Italo Calvino）在《為什麼讀經典》一書中，幫經典下了許多定義，姑舉幾項：

經典是從未對讀者窮盡其義的作品。

經典是代表整個宇宙的作品，是相當於古代護身符的作品。

經典是每一次重讀都像首次閱讀時那樣，讓人有初識感覺之作品。

經典就是你經常聽到人家說「我正在重讀……」，而從不是「我正在讀……」的作品。

「你的經典」是你無法漠視的書籍，你透過自己與它的關係來定義自己，甚至是以與它對立的關係來定義自己。

卡爾維諾還說：「我唯一能夠替經典提出的辯護是：閱讀經典，總是比不讀好。」

近日我勤讀一位八十歲作家黃育清撰寫自己住養老院的經歷，書中她提到自覺時日無多，所以必須把握時光書寫。

我岳父年輕時勤於工作，白天在學校任職，晚上教補習班，遇到心儀書冊，只能先行買下，暫時束之高閣，盤算退休之後，日讀夜讀。想不到已屆退休之際，看書不到一刻鐘卻眼油縱橫，不能自己。

以上兩例提醒我，就算是重度嗜讀者，一生能閱讀的精力、眼力都有限，更強化我精讀經典，略讀新銳作家作品的決心。

讀到某本經典的引路文章，如果被吸引，最好的做法，就是循線買齊該作者作品，依序啃讀。作者的聲氣，你已相通，當然越讀越快，勢如破竹。

若被《引爆趨勢》一書的引路文章吸引，那你就該完整閱讀麥爾坎•葛拉威爾（Malcolm Gladwell）的《決斷2秒間》、《異數》、《大開眼界》、《以小勝大》及《解密陌生人》。

同理，若覺得《非理性繁榮》的羅伯・席勒（Robert J. Shiller）崛起有理，那他一系列的著作包括《金融與美好社會》、《釣愚》、《故事經濟學》，都不該放過。

假設吳曉波增加一個篇章介紹台灣的企業家傳記，我猜下述三書可能雀屏中選：《觀念：許文龍和他的奇美王國》、海空制霸的《張榮發回憶錄》以及《騎上峰頂：捷安特與劉金標傳奇》。

介紹這五十本書的五十篇文章中，如果要我只選一篇推薦，我會選〈一位少校軍官的大歷史──《萬曆十五年》〉。爲什麼？因爲光是那篇延伸出來的懾人耐讀的書目，足以擺放一整座書櫃。

該書作者黃仁宇的老師是余英時，我特別喜歡他其中兩本著作，分別是《會友集》的上下集，是他二三十年來爲友人著作所寫的序文。余英時的自序，剛好讓我一窺余先生如何下筆序文，他說：「我生平不會寫應酬式的文字。首先我必細讀全稿，力求把握住作者的整體意向，其次就我所知，或就原著旨趣加以引申發揮，或從不同角度略貢一得之愚。」

手持這本吳曉波的經典路引，在人生的閱讀之旅，不但不會迷失，還會走得非常踏實。

推薦文

# 不了解過去，更難以掌控未來

Jenny Wang（JC財經觀點版主）

身爲投資人，能運用商業思維來思考研究，並以一位經營者的角度進行投資決策是相當重要的。但是商業領域牽涉範圍極廣，僅以微觀的角度不夠全面，而是該以一個宏觀的角度，從各個面向之間的互動來評估公司的未來發展。

價值投資大師查理・孟格（Charlie Munger）所提倡多元思維模型的重要性，讓我們從不同學科中去探尋事物的本質，堅守這個世界上可被驗證的恆久眞理。一旦你養成了這樣的思考習慣，才有辦法更專注與簡化流程，更高效地朝目標邁進。

《當商業開始改變世界》這本書也秉持著相同的概念。作者吳曉波給了我們一張商業知識的地圖，從人文史地、政治經濟乃至企業和個人，描述在時代的變遷過程中，許多思想與理論是如何形成，並在當代企業經營和個人行爲中付諸實踐，傳承至今，影響甚遠。

正如馬克・吐溫（Mark Twain）的名言：「歷史不會重演，但總會有驚人的相似。」許多事件的發生前後總是互爲因果，彼此間環環相扣，若你不了解過去，則更難以掌控未來。成功者能夠鑑古知今，從大量資訊中抽絲剝繭，提煉智慧與開創更美好的未來。也推薦讀者在讀完本書後，將書中所列的書目一一閱讀，對於理解商業世界的運作將大有幫助！

自序

# 只有在閱讀中，思想才能統治黑暗

「你真的讀得懂財務報表？知道什麼是GDP、CPI嗎？」

傅上倫坐在辦公桌前，不無疑惑地問我。那是一九九〇年的夏天。他是新華社浙江分社的副社長。那年我大學畢業，原本已經被保送研究生，但是我卻想盡快工作。傅上倫是復旦大學新聞系二十世紀六〇年代的畢業生，我的老師葉春華教授是他的同班同學，建議我可以去拜訪一下他。

我告訴傅上倫，我讀過保羅・薩繆森（Paul Samuelson）的《經濟學》（*Economics*），對經濟學和企業經營的基礎概念不陌生。他考了我幾個問題，很好奇地盯著我，不明白一個新聞系學生爲什麼會去啃那本枯燥的厚厚的教材。

然後，他就起身出門了。過了一刻鐘，他捧著一本人事手冊回來，一邊翻一邊告訴我，有一位老記者將在年底退休，我可以頂他的崗位，當一個工業記者。

所以，讀書改變命運的事情，是在我身上發生過的。

此次，爲了創作本書，我從書架上重新找到那本《經濟學》。它已經出到第十九版了，比我當年讀的那本厚了五分之一。而傅上倫老師，已經在二〇〇八年去世了。

我即將解讀的五十本商業經典，每一本，我都記得第一次遇到時的情景。它們是我生命中的一些親切的陌生人，偶然遇到，從未離去，遠遠地站在那裡，像一個個長滿了記憶青苔的木樁。

這些年來，有無數的年輕人問我：「我該讀哪些書？能不能開一個書單？」每每到了這個時刻，我就感到茫然，因爲它就跟「如何度過一生」一樣，屬於一個特別私人而必須自己回答的問題。

但是這一次，我試圖完成這個挑戰。

從上千本書裡，我挑出了五十本，還自作主張地繪製了一張知識圖譜，它十分地粗線條，不過卻可以勾勒出兩百多年以來經濟理論和商業知識的進化與迭代。在思想市場上，沒有一個人是孤獨的，所有河流都有節點和源頭，一切的繁茂都是歷史與當下沖積後的結果。

現代商業文明，是蒸汽機發動後的產物，人類的勞動告別了千年不變的自給自足模式，遙遠的市場和陌生的種族成爲新的亟待征服的對象。在既有的社會秩序被徹底摧毀的時刻，天才的思想者們開始重新定義商業，他們生產出了新的概念和公式，世界和遊戲規則被重新設計。

這樣的過程，宛如「羊吃人」一般血腥。人在本質上被物質所奴役，被思想所驅使，無論是看不見的市場之手，還是看得見的權力之手，都試圖以自己的邏輯再造人間。

這些故事或傳奇，都以書籍的方式流傳了下來。

我的解讀將從亞當•斯密（Adam Smith）開始。他出生的前一年，清朝的雍正皇帝登基。而他的《國富論》（*The Wealth of Nations*）在倫敦刊印發行的同時，湯瑪斯•傑佛遜（Thomas Jefferson）在費城起草發表了《獨立宣言》（*The Declaration of Independence*），歷史在這種大跨度的勾連中散發出迷人的氣息。

然後是卡爾・馬克思（Karl Marx）、馬克斯・韋伯（Max Weber）、弗里德里希・海耶克（Friedrich August von Hayek）、米爾頓・傅利曼（Milton Friedman）、保羅・薩繆森、彼得・杜拉克（Peter F. Drucker）……現代經濟學和管理學的脈絡將在這些名字和他們的著作中漸漸地清晰起來，終而構成人類商業文明的新格局。

你會發現，思想是雄心的結晶，它見解獨立，自圓其說，無比尖銳地衝擊人們的觀念，在改變認知的同時，推動新的社會實踐。它也許是溫和的，也許是激進的。這一過程，往往受到客觀形勢的影響。對於現世功利的經濟生活，沒有一個理論是憑空而生的。

每一種思想都有它的局限性和對立面，甚至它們的矛盾本身便是事實的基本面。二〇一三年，瑞典皇家科學院把諾貝爾經濟學獎同時頒給了兩位吵了二十多年的對手，他們一個主張市場理性假說，一個認爲一切都是非理性繁榮。

所以，永遠不要試圖從經濟學家或管理學家那裡，乞討到絕對的眞理。約翰・凱因斯（John M. Keynes）在談及財政政策的長期有效性時，半開玩笑地說：「長遠是對當前事物錯誤的指導。從長遠看，我們都已經死了。」而艾倫・葛林斯潘（Alan Greenspan）在討論資本市場的波動時，無奈地承認：「只有泡沫破滅了，我們才知道它是泡沫。」

我還選了幾位企業家的著作，包括傑克・威爾許（Jack Welch）、安迪・葛洛夫（Andy Grove）和華倫・巴菲特（Warren Buffett）等，他們對商業的理解更加微觀和生動。作爲企業家精神的實踐者，他們對不確定性的理解，建立在各自的性格和學識基礎上。我常常以爲，企業家是那些給自己打針的病人。

在五十本書中，關於中國的有八本，其中三本出自外國學者之手。它們都在討論一個主題：爲什麼工業革命沒有發生在擁有古老文明的中國，而是在一場長達百年的追趕式的現代化運動中？我們是如何曲折前行的？到底有沒有「中國模式」？我們爲什麼讓西方人感到如此陌生？

這些問題是如此耐人尋味又令人困惑。當一九三六年費孝通走進江蘇的一個小村莊，當費正清在黃河畔觀察船工拉縴，當吳敬璉在中南海一再地爭辯，一直到百歲的羅納德・寇斯（Ronald H. Coase）埋頭研究中國，尼爾・弗格森（Niall Ferguson）在延安驚覺西方主宰世界五百年的歷史之終結，所有這些中外知識分子的思考，都呈現出中國問題的複雜性。

事實上，迄今，我們仍然無法找到終極答案。

世界那麼大，我們卻在書籍裡去尋找眞相。這說起來是有點可笑的事情，但卻是人類文明在血脈上得以傳承的路徑之一。

我之所以迫不及待地想要完成這部解讀式的作品，部分是因爲受到了約翰・凱因斯和伊塔羅・卡爾維諾（Italo Calvino）的影響。

凱因斯在《就業、利息和貨幣通論》（*The General Theory of Employment, Interest, and Money*）中武斷地認定：「在經濟學和政治經濟學領域中，很少有人過了二十五歲和三十歲，還能受到新理論的影響。」

而卡爾維諾在《爲什麼讀經典》（*Why Read the Classics*）中有更進一步的詮釋。他認爲，我們年輕時所讀的東西，往往價值不大，這是因爲我們沒有耐心、精神不能集中、缺乏閱讀技能，或因爲我們缺乏人生經驗。但是，它們將在我們的身體裡起作用，當我們在成熟時期重讀這些書，就會重新發現那些現已構成我們內在機制的一部分恆定事物，儘管我們已回憶不起它們從哪裡來。

所以，卡爾維諾建議：「一個人的成年生活，應有一段時間用於重新發現青少年時代讀過的最重要的作品。」

我不知道即將閱讀本書的讀者，是青春懵懂的少年，還是飽經世事的成年人。如果是前者，希望我提供的這份商業知識圖譜，能夠幫助你親近思想的土壤，找到那些決定未來的種子；如果是後者，本書也許能喚起你重讀經典的熱情，或生發出一種在鬧市的拐角處偶遇故人的驚喜。

萬里星空下，時間遼闊無邊，在靜靜的閱讀中，思想將統治黑暗，把發生在過去和現在的所有一切，凝結爲生命綻放的祕密。

# 目錄



## 第一部 當商業開始改變世界

亞當・斯密發現了「看不見的手」，
馬克思和凱因斯則各自定義了「看得見的手」。
對後兩人的認同、追隨、
修訂與背叛，
構成了近百年政治經濟世界的全部風景。

## 第二部　成長的策略與祕密

在二十世紀初至今的一百多年裡，
前七十年，是經濟學家的黃金期……
而之後的半個世紀，則是管理學家的樂園了，
隨著商業環境的成熟和公司規模的膨脹，
組織的治理和績效提升成爲最核心的商業命題。

# 第三部 動盪年代與潮汐的方向

一個新的文明帶來了新的家庭形式，
改變了我們的工作、愛情和生活的方式，
帶來了新的經濟和新的政治衝突，
尤其是改變了我們的思想意識……
很多人被未來嚇壞了。

## 第四部 無法終結的歷史與思想

無論是新世界的美國還是老歐洲的法國，
自由、民主與平等，從來不會很和諧地天然存在，
它們之間甚至可能會爆發難以調和的衝突。
任何試圖建設一個天堂的理想和主義，
最終都將不可避免地奔向它的反面。

## 第五部 企業家書寫的傳奇

如果說「新大陸」是一種意識形態，
那麼，因此而迸發出的牛仔精神、價值觀，
對快速變化的擁抱，以及對陌生技術和產品的尊重，
便構成新的美國式商業文明。

# 第六部 誰來講述中國事？

這個曾經衰老的東方國家正以讓美國人陌生的方式崛起，
中國貨潮水般湧向全世界並開始遭遇抵制，
東亞格局正在朝新的方向演變，而美國在尋找更均勢的平衡機制。
歷史在這樣的一雙眼睛裡，
似乎沒有懸念而只有必經的輪迴。

我們越是向前走
我們便有更多的
不得不割捨的道路。

——《歧路》／馮至

第一部

# 當商業開始改變世界

亞當．斯密發現了「看不見的手」，
馬克思和凱因斯則各自定義了「看得見的手」。
對後兩人的認同、追隨、
修訂與背叛，
構成了近百年政治經濟世界的全部風景。

01

# 他發現了「看不見的手」

## ——《國富論》

什麼是好的經濟制度？好的經濟制度就是鼓勵每個人去創造財富的制度。

——亞當・斯密

亞當・斯密（Adam Smith, 1723-1790）出生的那年，大清雍正皇帝剛登基不久，帝國開始普遍推行「攤丁入畝」政策，這是賦役制度的一項重要改革措施。到冬季，雍正帝下令把全國各地的傳教士一律驅逐出國，大小教堂要嘛拆毀，要嘛改爲醫院，一個與世界潮流無關的、獨斷而農耕繁榮的時代開始了。

在歐洲，以「理性」爲旗幟的啓蒙運動正進入如火如荼的時刻，人們開始追求各種形式的自由——免於專斷權力的自由、言論的自由、貿易的自由及審美的自由。用康德（Immanuel Kant）的話說，人類第一次宣稱自己要成爲一個獨立的、負責任的存在。

## 創造了現代經濟學

亞當・斯密是一個遺腹子，從未見過自己的父親。他出生在蘇格蘭法夫郡的柯科迪，終生未婚，個性靦腆、言辭刻薄而思維縝密。他未滿十五歲便進入格拉斯哥大學讀書，十八歲考入牛津大學，二十八歲被聘任爲教授。三十六歲時，斯密出版了第一本著作《道德情感論》（*The Theory of Moral Sentiments*），在歐洲贏得了巨大的聲望。

他生在一個大時代的轉折時刻。在一七五三年，也就是亞當・斯密三十歲的時候，英國仍然是一個以農業爲主的穀物淨出口國。而在他生命的最後十年中——十八世紀八〇年代，出現了三個重大的技術創新：瓦特（James Watt）改良了蒸汽機、出現了生產棉織品的機器和工廠，以及科特（Henry Cort）發明了焦炭冶煉法。

實際上，正是這三大創新定義了第一次工業革命的到來。

「騎士時代已經過去了，繼之而來的是詭辯家、經濟學家和計算機的時代；歐洲的輝煌永遠成爲歷史。」這是英國哲學家和政治學家艾德蒙・伯克（Edmund Burke）在一七九〇年對歐洲未來的預言，而亞當・斯密的一生正是對此的最好註腳。

這位蘇格蘭稅務官之子的偉大之處就在於，他在歷史軌道快速轉換的間歇，如先知般地提出了全新的財富主張，重構了人們對經濟行爲的認知，從而在實際意義上創造了現代經濟學這一門專業學科。

## 分工受制於市場規模——斯密定理

《國富論》出版於一七七六年，也是在這一年，美國人發表了《獨立宣言》。這也許是一個巧合，這兩本著作卻如同兩把手術刀，在舊時代的身上剖出了一個新生兒。

在亞當・斯密出現之前，經濟學作爲一門子學科依附於哲學或倫理學的體系之內——相比之下，管理學則是在二十世紀四〇年代之後，才由彼得・杜拉克等人細分爲獨立的學科。斯密本人是格拉斯哥大學的道德哲學教授，「看不見的手」的概念的提出，首先出現在《道德情感論》而不是《國富論》中，時間要再早十七年。

在他去世百年後，另一位經濟學巨人阿爾弗雷德・馬歇爾（Alfred Marshall）在《經濟學原理》（*Principles of Economics*）中寫道：「斯密是頭一個就其社會各個主要方面論述財富的人，單憑這個理由，他也許有權被視作現代經濟學的奠基者。」

在亞當・斯密的時代，重商主義和重農主義仍然統治著人們的思維，前者認爲大量儲備貴金屬是經濟成功不可或缺的基礎，後者則把財富的全部祕密都託付給土地。

亞當・斯密第一次定義了生產的三大要素：勞動、土地和資本。在他看來，是資本而不是其他——帶來了市場，進而帶來了勞動分工的擴展，資本的投入導致市場擴張，而後者反過來也帶來更多的利潤和投資。所謂的「資本主義」便是從這個定義延展出來的概念。

在經濟行爲的動力研究上，亞當・斯密提出了一個石破天驚般的論斷。他認爲，在經濟生活中，一切行爲的原動力不是來自同情心或利他主義，而是利己之心，即每一個人改善生活條件的欲望。

人們從事勞動，未必抱有促進社會利益的動機，但是在一個自由放任的社會裡，他受著一隻「看不見的手」的指導，去盡力達到一個並非他本意想要達到的目的，即：請給我我所要的東西吧，同時，你也可以獲得你所要的東西。

這種以利己心爲基礎的個人利益與社會利益的對立統一，是貫穿整部《國富論》的基本哲學思想。如後世學者所言：「斯密的經濟人，那個只顧自己利益而無意之中卻創造公共善的人，對於現代主流經濟學來說，是讓人覺得自在又熟悉的人物。」

《國富論》的第一章是「論分工」。亞當・斯密在全書的第一句便開宗明義地寫道：「勞動生產力上最大的增進，以及運用勞動時所表現出的熟練、技巧和判斷力，似乎都是分工的結果。」一言以蔽之，提高財富生產效率，關鍵在於勞動分工。

在描述勞動分工如何增加生產力的時候，斯密識別了三大動因：工人熟練度的提升、工人專注於單一工種將更有效率、大量的機械的發明便利和簡化了勞動。他把發明創造視爲一種增量進步，這種進步源自於市場擴張和勞動分工過程中幾乎自動相伴而生的盈利性可能。

在人類財富史上，亞當・斯密不是第一個提出勞動分工的人。早在中國春秋時期，齊國的管仲便提出了「四民分業」的職業分工原則，認爲「少而習焉，其心安焉，不見異物而遷焉。是故其父兄之教，不肅而成，其子弟之學，不勞而能」（《管子・小匡》）。

臺灣學者趙岡據此論證：「中國的社會職能分工比歐洲早了至少一千年，主要的傳統生產技術（工業革命前的非機器生產技術）在中國出現的時間也比歐洲早八百年至一千年。」

不過，斯密的勞動分工理論卻是建立在現代製造業和資本形態的前提下的，並進行了更爲結構性的定義。他認爲，勞動分工源自交易的力量，所以，分工的程度取決於這種力量的大小和強弱。任何一個行業，市場規模越大，分工將越細，這叫作「分工受制於市場規模」，在經濟學上，它被稱爲「斯密定理」。

## 現代經濟學的奠基者

儘管亞當・斯密終其一生從來沒有離開過歐洲，他常年定居英倫，曾去法國遊歷三年，但是，他顯然是一個具有全球化視野的人，而這幾乎全部來自於他的理論天賦。

在《國富論》一書中，斯密用很大的篇幅討論了從古羅馬到英帝國的國家治理模式。在他看來，一個主權國家只有三個責任需要履行，「第一，保護社會免於暴亂和其他國家侵略的責任；第二，保護社會的每一個成員免遭其他社會成員施與的不義或壓迫的責任；第三，建立並維持一定量的公共工程和公共機構的責任」。

從這些觀點可以發現，現代經濟學理論的誕生，首先是現代意識誕生的過程，而不是其他。

在現代經濟學史上，大衛・休謨（David Hume）與亞當・斯密是公認的奠基人。休謨比斯密年長十二歲，此後他們互相影響，共同構建了經濟學的基本原理。斯密還忠誠地擔任了休謨的遺囑執行人。就如同其時代的所有著作一樣，《國富論》並不是一本體系嚴謹的論著，它充滿了經驗主義的氣質，很多論述明顯帶有啓蒙意味，但它確實覆蓋了所有的經濟學基礎性命題。在後來的時間裡，它在爲某一學派的理論提供有力依據時，也爲其反對派提供了同樣有力的說明。

亞當・斯密不是一個書齋型學者。在格拉斯哥大學當教授時，他就同時負責學校的行政事務，晚年，他還被任命爲蘇格蘭的海關和鹽稅專員——他在這兩個崗位上獲得的報酬是教授年薪的二十倍。在這一點上，他與日後的理論勁敵凱因斯倒頗爲相似。

在學術上，斯密是一個極度自負的人。儘管他的很多觀點都採自當世很多高人，可是他卻避免引用他們的著述，這在經濟學說史上非常罕見。當然此等舉動也容易引起一些爭議，譬如馬克思就曾在《資本論》（*Das Kapital*）第一卷的注釋中「揭發」說，亞當・斯密的一段話「幾乎逐字逐句抄自伯納德・曼德維爾（Bernard Mandeville）《蜜蜂的寓言》（*The Fable of the Bees*）的注釋」。

亞當・斯密終生與寡母相依爲命，世俗生活富足而單調，他把所有的人間榮譽都寄託於學術。到他去世時，《道德情感論》出了六版，《國富論》出了五版。他自以爲已經解決了他所處的那個時代的所有經濟問題，於是，在生命的最後彌留時刻，他囑咐朋友和學生當著他的面，銷毀了所有的未公開發表文稿。

## 自由企業的守護神

《國富論》的全名是《國民財富的性質和原因的研究》（*An Inquiry into the Nature and Causes of the Wealth of Nations*），最早的中文譯本是一九〇二年嚴復的文言文版，名爲《原富》。一九三一年，郭大力和王亞南以白話文再譯，定名爲《國富論》。

就全書內容而言，似乎還是嚴復的書名更接近本意，郭、王版很容易被曲解爲這是一部關於國家富強或國家資本主義的專著——而這正是二十世紀三〇年代的主流意識形態。恰恰相反的是，亞當・斯密是一位眞正的自由主義者，他所開創的自由市場經濟理論被認爲是「自由企業的守護神」。

**閱讀推薦**

《國富論》全書中譯約六十萬字，閱讀難度較大，推薦：

- 《國富論（彩繪精讀本）》／亞當・斯密　著／羅衛東　選譯

這本羅衛東選譯的精讀本，也是吳曉波頻道「經典重譯計畫」書目之一。另外，對亞當・斯密的生平感興趣的人，可閱讀：

- 《亞當・斯密傳》（*The Life of Adam Smith*）／伊安・辛普森・羅斯（Ian Simpson Ross）　著

# 02 一本為革命而生的經濟學宣言

## ——《資本論》

人的本質並不是單個人所固有的抽象物，在其現實性上，它是一切社會關係的總和。
一切價值都可以還原為時間。

——卡爾・馬克思

亞當・斯密去世二十八年後，卡爾・馬克思（Karl Marx，1818-1883）在德國出生了。在他們之間，還先後出現過其他四位經濟學家，分別是大衛・休謨、托馬斯・馬爾薩斯（Thomas Malthus）、大衛・李嘉圖（David Ricardo）和約翰・史都華・彌爾（John Stuart Mill），他們共同構築了古典經濟學的基石。

有意思的是，他們幾乎都在而立之年前後，提出了自己一生中最重要的理論主張。大衛・休謨在二十八歲發表了《人性論》（*A Treatise of Human Nature*），馬爾薩斯在三十二歲完成《人口論》（*An Essay on the Principle of Population*），彌爾在三十八歲寫出《論政治經濟學的若干未定問題》（*Essays on Some Unsettled Questions of Political Economy*），而馬克思在三十歲那年，起草了《共產黨宣言》（*Manifest der Kommunistischen Partei*）。

在這六位巨人中，唯一形成「主義」並對後世政治經濟產生決定性影響的，是馬克思和他的驚世巨著《資本論》。

英國歷史學家以撒•柏林（Isaiah Berlin）認爲：「十九世紀沒有一位思想家能夠像馬克思那樣，對於全人類有著如此坦率、準確和強有力的影響。」

## 革命風暴的開端

跟那些常年躲在書齋或學院圍牆內的學者們不同，馬克思無論在實踐還是理論上，都更崇尚行動。在他的墓碑上，刻著一句號角般的格言：「迄今爲止，哲學家們都只是從不同的角度去解釋世界，而關鍵的問題卻在於改造世界。」

一八一八年，馬克思出生於一個律師家庭。十七歲中學畢業時，在一篇題爲《青年在選擇職業時的考慮》的作文中，他宣布自己要選擇那些「最能爲人類而工作」的職業，「面對我們的骨灰，高尚的人們將灑下熱淚」。

他先後就讀於波昂大學和柏林大學，在二十三歲那年獲得哲學博士學位。畢業後，馬克思擔任《萊茵報》主編，而他的興趣迅速轉移到對社會問題的熱切關注和參與中。他的激烈言論遭到普魯士、俄羅斯和法國等政府的查禁、抗議，他還受到法國流氓的毆打，並被驅逐出境。

一八四三年，馬克思結識了工廠主人的兒子弗里德里希•恩格斯（Friedrich Engels），其後他們一起完成了《德意志意識形態》（*Die Deutsche Ideologie*），第一次有系統地闡述了他們所創立的歷史唯物主義，並明確提出了無產階級奪取政權的歷史任務。一八四六年，他們建立布魯塞爾共產主義通訊委員會，同年，應邀參加正義者同盟。一八四七年，這個組織更名爲共產主義者同盟，馬克思和恩格斯起草了同盟的綱領《共產黨宣言》，宣言的第一句便驚世駭俗：「一個幽靈，共產主義的幽靈，在歐洲大陸徘徊。」

一八四八年的歐洲，工業革命的浪潮正在衝擊既有的政治和經濟秩序，法國思想家、《舊制度與大革命》（*L' Ancien Régime et la Révolution*）的作者阿勒克西・德・托克維爾（Alexis de Tocqueville）在眾議院疾呼：「我們正睡在一座即將爆發的火山上……你們沒看見大地正在抖動嗎？一場革命的風暴已經刮起，我們已經看到它的到來。」

所有革命的到來都是無序的，除了破壞，還是破壞。只有在新的理論建構之後，方可導向一個清晰的革命目標。

十九世紀五〇年代起，馬克思定居倫敦，專注於《資本論》的創作。一八五七年，世界性的經濟危機爆發，馬克思在給恩格斯的信中焦急地寫道：「我現在發狂似地通宵總結我的經濟學研究，爲的是在洪水之前至少把一些基本問題搞清楚。」

《資本論》的第一卷出版於一八六七年九月。一八八三年，馬克思去世，第二卷、第三卷由恩格斯整理，分別於一八八五年和一八九四年出版。

## 資本主義的掘墓人

馬克思創作《資本論》的數十年，正是工廠作爲一個新興的社會單元，重構所有商業關係的時期。而他又居住在當時世界上最重要的工業國家的首都。不過，在一本關於馬克思的生平傳記中，作者曾考據說，馬克思終其一生，從來沒有參觀過一家英國工廠，以前在德國的時候，也只參觀過一家小工廠。

在這個意義上，《資本論》是一本靠公式和意識形態推演出來的實踐指導讀本。

按馬克思的觀點，政治經濟學是研究生產關係的，而生產關係是生產、交換、分配、消費四個環節的關係的總和。《資本論》正是透過系統地分析資本主義的全部生產關係，進而得出自己的結論。

《資本論》第一卷重點研究資本主義直接生產過程中的關係，揭示資本主義剝削關係的一般本質。第二卷分析作爲生產和交換的統一、廣義的資本流通過程，進一步揭示資本主義剝削關係在流通中的表現。第三卷則分析了作爲生產、流通、分配的統一的資本主義生產總過程。

馬克思認爲，商品價值量的多少是由社會必要勞動時間決定的。他還發明了「剩餘價值」這個經濟學名詞，從而推導出工人階級的命運和資本主義的必然結局。

馬克思把勞動分爲直接勞動和間接勞動，透過計算所有勞動在所產出的產品中的價值，證明利潤——由工人勞動創造而被資本家所占有的那部分產出是一種「剩餘價值」，這便構成了剝削。他因而論定：資本來到世間，從頭到腳，每個毛孔都滴著血和骯髒的東西。

根據馬克思的觀點，工人只有透過從資本家手中奪取工廠和其他生產資料，才能打破資本家對剩餘價值的無償占有。

而作爲統治階級存在的資本家，則將沿著以下軌跡走向自己的墓地：技術進步使資本家利用機器代替工人以獲得更多利潤，不斷擴大的資本積累將帶來不可克服的矛盾。一方面，隨著資本供給增長，利潤率會下降；另一方面，由於工作崗位減少，失業率升高，工資下降，工人階級的狀況進一步惡化。

爲了攫取更多的利潤，資產階級一定將試圖到國外尋求更多的資源和市場，由此必然導向帝國主義。在這樣的惡性循環下，嚴重的經濟危機將會敲響資本主義的喪鐘，覺醒的工人階級將成爲資本主義的掘墓人。

由此，馬克思得出了終極性結論：資本主義的毀滅是歷史的必然，而這將透過暴力來實現。無產階級將推翻資本主義，建立社會主義，最終實現共產主義的理想。在這場革命中，無產階級唯一失去的是鎖鏈，而得到的將是整個世界。

馬克思在《資本論》中，展現了嚴密而一致的理論推導，同時，四處洋溢著充滿激情和魔力的文字，足以激起人們的澎湃熱情。這是閱讀其他經濟學家的著作從未有過的體驗。

## 每個人心中都有一個馬克思

馬克思在有生之年沒有等到洪水的到來。而與他在《共產黨宣言》中所預言的不同的是，一八四八年之後的歐洲經濟步入了快速發展的繁榮時期，用英國共產黨員、著名歷史學家艾瑞克·霍布斯邦（Eric Hobsbawm）的話說：「資本主義的全球性勝利，是一八四八年後數十年歷史的主旋律。這是信仰經濟發展依靠私營企業競爭、從最便宜的市場採購一切，並以最高價格出售一切的社會的勝利。」

最終不是貪婪的人性讓生產關係瓦解，而是技術的創新和市場的擴容提高了勞動的效率，進而讓資本家和勞動者得以在契約和制度重建的前提下，分享勞動的成果。透過武力推翻資本主義的運動並沒有發生在馬克思所以爲的「發展程度最高的工業化國家」，相反，在他去世三十五年後，佛拉迪米爾·伊里奇·列寧（Vladimir Ilyich Lenin）在落後的俄國實現了《資本論》中所描述的暴力革命。而蘇聯革命的成功經驗，推動了影響整個二十世紀人類走向的社會主義運動。

與亞當・斯密榮華顯赫的一生不同，馬克思的一生可謂潦倒顛簸。在很長時間裡，他的生活幾乎全部依賴恩格斯的救濟。在一八五二年二月二十七日的一封信中，這位當世最傑出的經濟學家寫道：「一個星期以來，我已達到非常痛苦的地步：因爲外衣進了當鋪，我不能再出門，因爲不讓賒帳，我不能再吃肉。」

儘管馬克思生活窘迫，但是他的理論在他活著的時候就已經開始影響整個歐洲的思想界，並成爲左翼社會運動的一面旗幟，被稱爲「馬克思主義」。馬克思本人對此表達了極高的警惕性，根據恩格斯的記錄，他至少有五次明確對人表述說：「有一點可以肯定，我不是馬克思主義者。」

在過去的一百年裡，馬克思是對世界產生了最大現實影響力的經濟學家，《資本論》被一再地重印、翻譯和解讀，雖然很少有人完整地讀完過這本巨著，但它卻成爲無數人的信仰和行動的教條。

每一個人心中都有一個馬克思，《資本論》有時也成爲黨同伐異的武器，在這個過程中，它變得越來越清晰，也越來越面目全非。

## 閱讀推薦

對現代西方哲學史和知識份子史感興趣的讀者，推薦兩本書：

- 《從胡塞爾到德里達：西方文論講稿》／趙一凡　著
- 《知識份子與社會》（*Intellectuals and Society*）／湯瑪斯・索爾（Thomas Sowell）　著

對中國經濟思想及治理感興趣的讀者，推薦：

- 《中國財政思想史》／胡寄窗、談敏　著
- 《中國歷代政治得失》／錢穆　著
- 《歷代經濟變革得失》／吳曉波　著

# 03 為商業編織「意義之網」

## ——《基督新教倫理與資本主義精神》

一個人對天職負有責任，乃是資產階級文化的社會倫理中最具代表性的東西，而且在某種意義上說，它是資產階級文化的根本基礎。

——馬克斯·韋伯

當卡爾·馬克思在倫敦的大英圖書館埋頭創作《資本論》的時候，在地球的其他地方，也有超過一千顆聰明的腦袋在思考同樣的問題。

根據考證，「資本主義」這個名詞就是在《共產黨宣言》誕生的一八四八年前後被發明出來的，它如同一個巨型魔鬼，抹殺了全部的舊生產關係和勞動力模型，把每一個人、家庭和國家投擲到動盪而急速的大漩渦中。

馬克斯·韋伯（Max Weber, 1864-1920）出生於一八六四年，到他去世的一九二〇年，第一次世界大戰剛剛結束。也就是說，他在一生中目睹了歐洲被機器改造得空前繁榮，然後，又被武器摧毀為一地廢墟的全部過程。

在世紀的轉捩點上，人們自發地分為兩大陣營——左翼和右翼，他們的內部又各有流派，最極端和激進的那部分人，都信仰流血和暴力。

韋伯棲居在德國南部一個叫海德堡的小城市，那裡有一所小巧的大學——海德堡大學，卻是歐洲自由主義思潮的大本營，知識份子們著書立說，試圖以啓蒙和改革反制權力，以理性和科學抗衡統治。

馬克斯・韋伯正是海德堡大學的象徵性人物，而他著述的《基督新教倫理與資本主義精神》（*The Protestant Ethic and the Spirit of Capitalism*），從社會學的意義上確立了現代商業文明在倫理上的正當性。

## 入世的參與與觀察

跟卡爾・馬克思一樣，馬克斯・韋伯也出生於一個律師家庭，不過他的父親老韋伯有一家紡織工廠，家境更為富足。韋伯從小接受了最好的文理教育，二十五歲時獲得了博士學位。

德國天才們的命運往往都不太順利，比如舒曼、尼采，都要與大腦中的魔鬼鬥爭，韋伯也一樣。韋伯的家族有遺傳性的精神疾病，他在三十二歲時曾精神崩潰，無法閱讀、寫作甚至與人正常交談。這個曾經的工作狂，只能整日坐在窗前，擺弄自己的指甲，眺望外面的樹梢。

海德堡大學歷史上有很多從事抽象思考工作而日常生活也非常「抽象」的人文學者，比如黑格爾（Hegel）、費爾巴哈（Feuerbach）、雅士培（Jaspers）等，不過，與他們相比，馬克斯・韋伯則顯得更為入世。他曾經競選過民主黨議員，一戰時期在預備役醫院服役，還作為德國代表團的一員，參加了凡爾賽和會。

一九〇四年九月，韋伯和好友一起遠赴美國，參加在聖路易斯舉辦的世界博覽會，其間，他對北美的城市、商業和工廠，進行了近四個月的考察。正是這些參與和近距離的觀察，爲他創作《基督新教倫理與資本主義精神》提供了豐富的素材。

## 關於商業存在價值的拷問

《基督新教倫理與資本主義精神》的創作動機，是試圖回答一個非常尖銳、到今天仍然極富挑戰性的問題：人從事商業活動的根本動力，到底是什麼？

在農耕時期，各大文明對商業的態度幾乎均是消極的。柏拉圖（Plato）批評商人說：「一有機會贏利，他們就會設法牟取暴利。這就是各種商業和小販名聲不好、被社會輕視的原因。」《聖經》認爲商人上天堂比駱駝鑽針孔還要難，中國的儒家倫理更是徹底的賤商主義，一言以蔽之，「君子喻於義，小人喻於利」。

十九世紀中後期的資本主義運動，讓商業成爲改變世界的最重要力量。韋伯出生於紡織工業世家，在他盛年之際，德國成爲全球第二大工業國，越來越多的人把一生傾注於工商事業，那麼，關於商業存在價值的拷問便顯得無比急切。

韋伯的終生好友、社會學家維爾納・桑巴特（Werner Sombart）在一九〇二年出版的《現代資本主義》（*Der Moderne Kapitalismus*）一書中指出：「獲利欲」是資本主義的根本動力。這在當時的學術界是一個普遍的共識，甚至被看成是柏拉圖以來的一個基礎性共識。

韋伯的《基督新教倫理與資本主義精神》，發表於桑巴特出版上述著作的三年後，也是他從北美遊歷歸來之後。好友的結論及在美國的實地考察，應該是韋伯創作的一個現實背景。

在這本並不厚的、論文式的作品中，韋伯透過不厭其煩的論證，提出三個原則性的觀點。

其一，正當性的終極認同。

馬克斯・韋伯認爲人被賺錢動機所左右，把獲利作爲人生的最終目的。在經濟上獲利不再從屬於人滿足自己物質需要的手段，而被視爲資本主義的一條首要原則。

他引用美國思想家班傑明・富蘭克林（Benjamin Franklin，他同時是一位企業家和政治家）的觀點認爲，個人有增加自己的資本的責任，而增加資本本身就是目的。這從根本上認同了企業家職業的正當性和獨立性。

其二，內心信仰的驅動。

韋伯認爲，在資本主義形成的過程中，基督教新教的清教徒精神和禁欲主義發揮了決定性作用。儘管沒有這些精神也可能產生某些資本主義的特徵，但不會產生完整意義上的資本主義。所以，現代以信仰基督教爲主的西方發達國家，如美國、英國、法國、德國等，皆爲新教占主流的國家，而傳統天主教國家，如西班牙、義大利等，論經濟實力與影響力，都只能算二流國家。

在韋伯看來，新教信徒重今世，所以他們更積極地參與社會活動，更重享樂，也更世俗，因此更能順應時代發展的要求。而天主教信徒重來世，這一點類似於大乘佛教。

其三，理性主義與法治精神。

韋伯從古希臘理性主義的思想淵源，推導出資本主義產生的必然性：精確的計算和擁有技術上的基礎。這進一步根植於西方科學特有的數學及實驗的精確理性的自然科學、法律與理性的結構所帶來的可估量的技術性勞動手段與程式規則。那種具有近代資本主義精神的人，他們都具有自我約束性——理性的計算，集中精力，固守原則。

## 現代商業文明的根本動力

馬克斯・韋伯是受馬克思主義思潮衝擊的第一批歐洲知識份子，他曾說，現在的讀書人是否誠實、老實，只要看他對兩個人的態度，一個是馬克思，一個是尼采。

正是透過《基督新教倫理與資本主義精神》一書，韋伯另闢蹊徑，對現代商業文明的根本動力進行了前所未有的詮釋。如果說馬克思的理論是摧毀性的，那麼，韋伯的學說則帶有明顯的建構性特徵。

他認爲，資本主義並不是對財富的貪欲，而是對這種非理性欲望的一種抑制，或者至少是一種理性的緩解。那麼多人勤懇工作，而且具有良好的職業精神和紀律，並不是爲了單純糊口或熱愛金錢，而是內心信仰使然。

當韋伯在海德堡大學的書房埋頭創作之際，世界各地已經出現了一些企業家，他們以比父輩快數百倍的速度積累了巨額的財富，而在這一過程中，他們的內心正經歷承受著存在價值的拷問。

美國鋼鐵大王安德魯・卡內基（Andrew Carnegie）是馬克斯・韋伯的同時代人，他出生於蘇格蘭的一個新教徒家庭，少年時移民美國，從當電報公司的信差起步，之後組建了自己的企業，在短短幾十年裡，創建了全球最大的鋼鐵公司。一九〇一年，卡內基出售了公司，獲得五億美元，成爲全美首富。

就在這個時刻，卡內基內心出現了焦慮：我憑什麼能擁有這麼多的財富，而這些財富對於我的人生又意味著什麼？

卡內基最終得出的答案是：「是上帝派我來賺錢的，所以，我要把榮光歸於上帝。」在生命的最後十多年，卡內基成立了慈善基金會，成爲美國歷史上捐贈圖書館最多的人。在「鋼鐵大王」的名號之外，他又有了「美國慈善事業之父」的稱號。

沒有史料顯示，作爲新教徒的卡內基讀過《基督新教倫理與資本主義精神》，不過，他的實踐卻印證了韋伯的觀點。

## 爲有志商業者指出尋找答案的方向

《基督新教倫理與資本主義精神》第一次被引進中國是在一九八七年，即韋伯寫作此書的八十多年後。

那個時代的中國人，正被集體地捲入一場激蕩的改革開放運動，商業及企業家成爲時代的新主角，傳統的價值觀體系瀕臨崩潰。那些先富起來的人們，都跟當年的卡內基一樣，面臨內心的意義拷問。

有意思的是，韋伯還曾經寫過一本與中國有關的書——《中國的宗教：儒家與道教》（*Konfuzianismus und Taoismus*）。在書中，韋伯分析了中國宗教的這兩種基本形式對經濟生活的理性化推動。他斷言，無論是儒家或道家，都不具備新教那樣的責任倫理觀，因為儒家作為支配性的終極價值體系，它們始終是傳統主義取向的，對於世界所採取的是適應而不是改造的態度。

在今天，所有有志於商業的中國人讀韋伯的著作，既會有一種隔閡感，同時也會有一種切膚的親近感。他在書中得出的很多結論，未必完全適合中國，但是，他提出的問題，以及分析問題的路徑和方法論，卻爲我們尋找答案指出了一個方向。

馬克斯・韋伯嘗言：「人類是懸掛在自己編織的意義之網上的動物。」顯然，他是這張大網的編織者之一，我們懸掛其上，同時也在參與編織。

**閱讀推薦**

自二十世紀八〇年代之後，《基督新教倫理與資本主義精神》的中譯本超過十種之多，是所有經濟類經典讀本中最多的。值得向大家推薦的有兩種，其中後者是吳曉波頻道「經典重譯計畫」書目之一：

- 《新教倫理與資本主義精神》／馬克斯・韋伯　著／閆克文　譯
- 《新教倫理與資本主義精神（彩繪精讀本）》／馬克斯・韋伯　著／郁喆雋　選譯

04

# 重新定義「看得見的手」

## ——《就業、利息和貨幣通論》

長遠是對當前事務錯誤的指導。從長遠看，我們都已經死了。

——約翰・梅納德・凱因斯

但凡被稱爲「主義」的，都意味著某種先驗的、至高無上的權威。對它的信奉者而言，「主義」所代表的主張即爲眞理，不容置疑。在政治經濟學界，馬克思主義之後，影響最大的便是凱因斯主義。

凱因斯主義出現於二十世紀三、四〇年代，那是歐洲沒落、美國崛起的轉折時刻，而有趣的是，約翰・梅納德・凱因斯（John Maynard Keynes, 1883-1946）來自於沒落陣營的「旗艦」——大不列顚王國。在後來的半個多世紀裡，是美國人把他捧上了神壇。

凱因斯最著名的著作就是《就業、利息和貨幣通論》（以下簡稱《通論》），它標誌著宏觀經濟學的誕生。

## 經濟學界執牛耳者

約翰・梅納德・凱因斯出生於一八八三年。那一年，卡爾・馬克思去世。凱因斯的父親是在劍橋大學任職的經濟學家和邏輯學家，母親也是劍橋畢業生，曾任劍橋市市長。在他五歲的時候，曾祖母寫信給他說：「你將會非常聰明，因爲你一直住在劍橋。」

羅伯特・史紀德斯基（Robert Skidelsky）在《不朽的天才——凱因斯傳》（*John Maynard Keynes*）的第一行就如此寫道：「凱因斯的一生中，幾乎沒有什麼時候他不是從一種高高在上的地位俯視著周圍的英國以及世界的絕大部分。」

凱因斯十四歲進入伊頓公學，畢業後進入劍橋大學國王學院，師從當時最偉大的兩個經濟學家阿爾弗雷德・馬歇爾和亞瑟・塞西爾・庇古（Arthur Cecil Pigou）攻讀經濟學，二十六歲入選國王學院院士，之後進入政府部門，先後服務於印度事務部和財政部。

一戰結束後，他作爲英國財政部首席代表出席巴黎和會，他的談判對手之一，就包括《基督新教倫理與資本主義精神》的作者馬克斯・韋伯。

從二十世紀二〇年代開始，凱因斯長期擔任《經濟學雜誌》（*Economic Journal*）主編和英國皇家經濟學會會長，無疑是學界的執牛耳者。同時，他還在一家大型人壽保險公司當了十七年的董事長，每年會對股東發布一份年度報告，這份報告是歐美金融界人士的必讀文本，「股神」華倫・巴菲特後來學的就是他的風格。

很顯然，凱因斯不同於書齋中的學者，他既有深厚的經濟學修養，同時又極富一線實作的閱歷，更與眾不同的是，他樂於撰寫大量經濟類的新聞時評，而且文筆優雅尖銳，常常引發爭論，因此成爲深受政商界和媒體追捧的明星級經濟學家。

無疑，凱因斯是英倫精英主義下的最精緻的一顆「蛋」，然而，不幸的是，他生活的年代經歷了兩次世界大戰，他的祖國正是在這數十年裡飽受摧殘，終而淪爲美國的「小兄弟」。凱因斯的學術生涯以及成就，無不與此密切相關。

## 《通論》的經濟觀

在凱因斯生活的年代，經濟學從人文科學和歷史學科中獨立出來，發展爲一門獨立的學科。他的授業老師馬歇爾是新古典學派的創始人，創建了世界上第一個經濟學系。馬歇爾富有創見地提出了供需二元論，他認爲，市場價格取決於供、需雙方的力量均衡，供需猶如剪刀的兩翼，而供需優化的最佳模式，是充分競爭的自由貿易。

在很長時間裡，凱因斯的經濟主張傳承自馬歇爾，他是自由貿易論的捍衛者。然而到一九三六年，他寫出《通論》，一反過去的立場，轉而強調貿易差額對國民收入的影響，相信保護政策如能帶來貿易順差，必將有利於提高投資水準和擴大就業，最終導致經濟繁榮。

《通論》的誕生是對當時全球經濟狀況的一次回應。在經歷了十年的和平發展之後，一九二九年，美國經濟大蕭條，隨即歐洲各國相繼陷入蕭條陷阱，經濟增長速度下滑超過二〇%，龐大的失業大軍更可能成爲點燃火藥桶的引線。

在英國，一九三〇年到一九三四年的平均失業率高達十九%。內部經濟的蕭條和外部共產主義的威脅，讓歐美政治家們束手無策，亟待一場理論上的突圍。就在這一時刻，凱因斯挺身而出。

《通論》一書的理論起點是：現代市場經濟可能會陷入一種非充分就業的均衡，即總供給與總需求達到均衡，但產出水準卻遠遠低於潛在產出水準，且相當大的一部分勞動力處於失業狀態。

凱因斯堅定地認爲，供給絕對不可能創造對其自身的需求，需求具有相對的獨立性。由於並不存在引導經濟恢復到充分就業的自我矯正機制或「看不見的手」，因此，一國經濟有可能在一個較長的時期內停留在低產出、高失業的痛苦狀態。

很顯然，如果這一狀態無法得到改善，馬克思在《資本論》中所預言的革命，就可能眞的在工業化程度最高的國家爆發。

凱因斯給出的藥方是：透過貨幣政策和財政政策，政府能夠刺激經濟，並有助於保持一個較高的產出和就業水準。

凱因斯主義的理論體系以解決就業問題爲中心，而就業理論的邏輯起點是有效需求原理，需求大小主要取決於消費傾向、資本邊際效率、流動偏好三大基本因素及貨幣數量。在市場失靈的前提下，凱因斯提出，國家干預的最直接的表現，就是實現赤字財政政策，增加政府支出，以公共投資的增量來彌補私人投資的不足。增加公共投資和公共消費支出，實現擴張性的財政政策，這是國家干預經濟的有效方法。由此而產生的財政赤字不僅無害，而且有助於把經濟運行中的「漏出」或「呆滯」的財富重新用於生產和消費，從而可以實現供求關係的平衡，促進經濟增長。

在《通論》中，凱恩斯給出了一個簡明的公式：

$$K=1/(1-b)$$

其中，$b$爲邊際消費傾向，$b=\Delta c/\Delta Y$，$\Delta c$爲消費增量，$\Delta Y$爲國民收入增量。可見，邊際消費傾向越大，支出的乘數效應也越大。也就是說，在乘數原理的作用下，政府每增加一筆支出$\Delta G$，經濟就相應增加了$K$倍於$\Delta G$的國民收入。即$K\times\Delta G$。爲了達到增加國民收入、促進經濟增長的目的，政府實行擴張性的財政政策，就一定會不斷擴大政府支出規模。

## 凱因斯主義誕生

《通論》的出版當即掀起軒然大波，凱因斯被視爲亞當・斯密的叛徒。但也是這部著作，讓他在背叛傳統經濟理論的同時，開創了總量分析的宏觀經濟學。凱因斯主義從此誕生。

在現實世界，讓凱因斯的理論走向實踐並取得巨大成功的，不是英國人，而是美國的富蘭克林・羅斯福（Franklin Roosevelt）和他的羅斯福新政。

羅斯福於一九三三年出任美國總統，提出了以救濟、復興和改革爲主旨的經濟復興運動，其最重要的手段就是實施了政府主導的投資擴張政策。在新政期間，羅斯福在全國範圍內興建了十八萬個工程項目，包括近一千座飛機場、一萬兩千多個運動場、八百多幢校舍與醫院等公共建築物。

爲了解決最棘手的就業問題，羅斯福推出「以工代賑」的政策，其中最著名的是工程興辦署和專門針對青年人的全國青年總署，兩者總計雇用人員達兩千三百萬，占全國勞動力的一半以上。

在理論界，到底是凱因斯啓迪了羅斯福，還是羅斯福成就了凱因斯，一直是一個有趣的爭議話題。不過，毋庸置疑的是，在二十世紀三〇年代的中後期，政府干預主義重新歸來，所不同的是，它建構在一個全新的理論體系之上。

自經濟學誕生以來，亞當・斯密的《國富論》、馬克思的《資本論》和凱因斯的《就業、利息和貨幣通論》，被公認爲是三部最重要的經典。它們都與「手」有關。斯密發現了「看不見的手」，馬克思和凱因斯則各自定義了「看得見的手」，對後兩人的認同、追隨、修訂與反叛，構成了近百年政治經濟世界的全部風景。後世的治國者中，如果有十個馬克思主義者，那麼就有一百個凱因斯主義者，而且，前者中的一半可能還是僞裝的凱因斯主義者。

## 致力於戰後經濟重建

凱因斯因心臟病突發，於一九四六年四月二十一日去世。在生命的最後兩年，他致力於戰後全球經濟秩序的重建，並試圖在與美國的談判中爲英國爭取最多的權益。

在凱因斯的經濟增長模式中，他還特別鼓吹一國的國際貿易順差，在他看來：「增加順差，乃是政府可以增加國外投資之唯一直接辦法；同時若貿易爲順差，則貴金屬內流，故又是政府可以減低國內利率、增加國內投資動機之唯一間接辦法。」這一理論爲二戰後的全球化貿易繁榮提供了理論支援。

一九四四年七月，凱因斯率英國政府代表團出席布列敦森林會議，在他的宣導和推動下，歐美國家同意成立國際貨幣基金組織和世界銀行，凱因斯還自告奮勇，出任了世界銀行的第一任行長。

在戰後全球金融秩序的規則制定過程中，凱因斯與美國人發生了激烈的爭執。美國人抱怨他是「世界上最糟糕的委員會主席」。美國財政部部長小亨利・摩根索（Henry Morgenthau, Jr.）回憶說，凱因斯用一種完全不可接受的方法來催促委員會完成任務：「他對銀行問題瞭若指掌，當有人提到某一條款，他立即明白是怎麼回事，而屋裡的其他人都不知道它爲何物，等你還沒有反應過來，他已宣布條款通過，然後大家又開始在文件裡亂翻，還沒等你找到，那一條又通過了。」

儘管天縱奇才，可是趨勢還是比人強。就是在布列敦森林會議上，美國不顧凱因斯的拚死反對，主導通過了一項條款，使美元成爲唯一能與黃金自由兌換的貨幣，從此，英鎊失去主導地位。

有人唏噓說，凱因斯的猝死，與此不無關係，凱因斯主義拯救了美國經濟，而美國人則逼死了凱因斯。

凱因斯的一生非常繁忙勞頓，所以，他爲自己寫的墓誌銘是這樣的：

> 不用為我悲哀，朋友，千萬不要為我哭泣。
> 因為，往後我將永遠不必再辛勞。
> 天堂裡將響徹讚美詩與甜美的音樂，
> 而我甚至也不再去歌唱。

他曾對友人開玩笑說，最幸福的人生是：生於產床，活於機床，死於病床，其間躲過了所有的戰亂。這樣的看法當然非常的中產階級。他的一生兵荒馬亂，幾無寧日，而他以理論爲武器，與現實對抗。

**閱讀推薦**

你幾乎可以在每一本經濟學教材或專著中讀到凱因斯，他如同一個座標，是無數理論的起點，通往不同的小徑。下面推薦的這一本書很厚，卻是最好的經濟學家傳記：

- 《不朽的天才——凱因斯傳》／羅伯特・史紀德斯基　著

05

# 他什麼都不相信，除了自由

## ——《通向奴役之路》

透過賦予政府無限制的權力，可以把最專斷的統治合法化；並且一個民主制度就可以以這樣一種方式建立起一種可以想像得到、最完全的專制政治。

——弗里德里希・海耶克

一九四四年，英國政府爲了拯救經濟，發表了一部就業政策白皮書，其指導思想正是來自於凱因斯和他的政府干預主義。也是在這一年，弗里德里希・海耶克（Friedrich August von Hayek, 1899-1992）出版了《通向奴役之路》（*The Road to Serfdom*），在書中，海耶克對如日中天的凱因斯主義提出了委婉的批判：

一些經濟學家確實相信解決的辦法來自於對大規模公共專案的啟動做出巧妙的時間安排。這個方法將導致在競爭領域的嚴重限制。在往這個方向探索的同時，我們應當小心翼翼，以防止所有經濟活動會一步一步地依賴政府支出的方向和規模。

凱因斯在赴美參加布列敦森林會議的郵輪上，讀完了海耶克的新作。跟他的很多信徒所表現出來的憤懣不同，凱因斯贊許海耶克的書是一部「宏偉的著作，我們有最大的理由向你表示感謝，因爲你說出了很多應該被說的。在道德和哲學上，我幾乎同意你的所有觀點」。

接著，凱因斯對海耶克的挑戰提出了回應。他寫道：

但是，你並沒有給我們提供在何處劃分界限的說法。我猜想你大大低估了中間道路的現實性。我要批評你將道德和物質的問題混為一談。在思考和感覺都正確的社會，危險的行動也可以是安全的，但如果由那些思考和感覺都錯誤的社會來執行這些政策，就會走向地獄。

凱因斯與海耶克的爭論到此爲止，再無交鋒續篇。不過他們提出了一個迄今仍被反覆討論的課題：在經濟體制與政治體制之中，交織著計畫與市場、民主與專制四大要素，它們的配對調和，構成了數種迥然不同的國家成長模式。

從中，我們可以看到美歐自由經濟、蘇聯模式、拉美化、北歐混合市場經濟模式、東亞模式乃至中國特色社會主義經濟等多個類型。

## 奧地利經濟學派的一面旗幟

海耶克出生於一八九九年，去世於一九九二年，幾乎經歷了整個二十世紀。長壽的好處是，他見證了社會主義實驗的全部進程，從馬克思主義思潮的湧起，到蘇聯計畫經濟的建設、共產主義運動的風起雲湧，直到東歐劇變，蘇聯解體。

海耶克生於奧地利——那也是阿道夫・希特勒（Adolf Hitler）的故鄉。這是一個搖擺在西歐和東歐兩大意識形態陣營之間的小國家，微妙的國家處境為他的思考提供了一個更糾結也更原教旨的視角。

納粹德國的終結，得益於美國與蘇聯的攜手作戰，這也造成戰後思想市場的極度混亂。在西方世界，一度有超過一半的知識份子——特別是青年人，同情乃至傾向蘇聯。其中，最出名的是沙特（Sartre）等人在法國發起的存在主義運動。

而在反對者陣營中有兩個旗幟般的鬥士，他們共同發明了「極權主義」這個新名詞，並分別從政治學和經濟學的角度對之進行學理上的堅決批判，他們是漢娜・鄂蘭（Hannah Arendt）和她的《極權主義的起源》（*The Origins of Totalitarianism*）、海耶克和他的一系列著作。

海耶克學術的黃金三十年，從一九四四年創作《通向奴役之路》，到一九七四年獲得諾貝爾經濟學獎為止，這基本上也是思想界徹底清算計畫經濟模式的全部時間。海耶克先後在紐約大學、奧地利商業週期研究中心、倫敦政治經濟學院、芝加哥大學、佛萊堡大學等著名學府任教，在相當長的時間裡，他是奧地利經濟學派和新自由主義的一面旗幟。

## 指出社會主義的謬誤

海耶克涉足領域繁雜，著述多達二十五部，最出名的有兩部，一是一九四四年的《通向奴役之路》，二是一九八八年的《不要命的自負》（*The Fatal Conceit*），它們共同的主題都是指出社會主義的謬誤。

他不無悲憫地寫道：「在我們竭盡全力自覺地根據一些崇高的理想締造我們的未來時，我們卻在實際上不知不覺地創造出與我們一直爲之奮鬥的東西截然相反的結果，人們還想像得出比這更大的悲劇嗎？」

《通向奴役之路》全書沒有一張圖表，沒有一個公式，甚至沒有任何統計資料，與其說它是一部純粹意義上的經濟學作品，倒不如說是一則道德哲學的宣言。海耶克從文明的進程開始敘述，一路涉及道德、自由、民主、秩序等人類生存的根本性命題，他文筆雄壯，格言迭出，讀來有一股真理在握的博大氣勢。

海耶克把自由視爲至高無上的道德準則，他甚至認爲，自由而非民主是終極價值。他借用康德的觀點認定，如果一個人不需要服從任何人，只服從法律，那麼，他就是自由的。

他進而論述說：「最能清楚地將一個自由國家的狀態和一個在專制政府統治下的國家的狀況區分開的，莫過於前者遵循著被稱爲法治的這一偉大原則。只有在自由主義時代，法治才被有意識地加以發展，並且是自由主義時代最偉大的成就之一，它不僅是自由的保障，而且也是自由在法律上的體現。」

對於計畫經濟體制，海耶克稱之爲一種無法達到的烏托邦，對其的迷信，是一種不要命的自負，並必將通向奴役之路。在書中，他表達了三層「不相信」。

他不相信，健康的國民經濟可以被集中管理和科學規畫。

經濟活動的完全集中管理這一觀念，仍然使大多數人感到膽寒，這不僅是由於這項任務存在著極大的困難，而更多的是由於每一件事都要由一個獨一無二的中心來加以指導的觀念所引起的恐懼。

我們已經見到了，各種經濟現象之間密切的相互依存，使我們不容易讓計畫恰好停止在我們所希望的限度內，並且市場的自由活動所受的阻礙一旦超過了一定的程度，計畫者就被迫將管制範圍加以擴展，直到它變得無所不包爲止。

他不相信，政府可以控制對權力的貪婪。

透過賦予政府無限制的權力，可以把最專斷的統治合法化；並且一個民主制度就可以以這樣一種方式，建立起一種可以想像得到、最完全的專制政治。如果民主制度決定了一項任務，而這項任務又必定要運用不能根據定則加以指導的權力時，它必定會變成專斷的權力。所謂經濟權力，雖然它可能成爲強制的一種工具，但它在私人手中時，絕不是排他性的或完整的權力，絕不是支配一個人的全部生活的權力。但是如果把它集中起來作爲政治權力的一個工具，它所造成的依附性就與奴隸制度沒有什麼區別了。

他不相信，精英份子眞的能發現絕對的眞理。

從純粹的並且眞心眞意的理想家到狂熱者，往往只不過是一步之遙。雖然失望的專家的激憤強有力地推動了對計畫的要求，但如果讓世界上每一方面最著名的專家毫無阻礙地去實現他們的理想的話，那將再沒有比這個更難忍受和更不合理的世界了。在海耶克的理論體系中，蘇聯模式是一個從未消失過的、幾乎是唯一的「假想敵」，或者說，他的所有觀點都是爲了反對而產生的。

在一個有計畫的社會中，當局所掌握對所有消費的控制權的根源，就是它對生產的控制。社會主義必須要有一個中央的經濟計畫，而這種計畫經濟最終將會導致極權主義，因爲被賦予了強大經濟控制權力的政府，也必然會擁有控制個人社會生活的權力。

私有財產制度是給人以有限的自由與平等的主要因素之一，而馬克思則希望透過消除這個制度來給予人們無限的自由與平等。奇怪得很，馬克思是第一個看到這一點的。是他告訴我們：回顧以往，私人資本主義連同其自由市場的發展成了我們一切民主自由的發展的先決條件。他從未想到，向前瞻望，如果是他所說的那樣，那些其他的自由，恐怕就會隨著自由市場的取消而消逝。

私人壟斷很少是完全的壟斷，更難長時期地存在下去，或者私人壟斷通常不能忽視潛在的競爭。而國家的壟斷則是一個受到國家保護的壟斷——保護它不致受到潛在的競爭和有效批評。這在許多場合下就意味著，一個暫時性的壟斷獲得了一種總是保障其地位的權力，也就是一種差不多一定要被利用的權力。

## 新自由主義的象徵符號

就如凱因斯所指出的，海耶克的理論過於道德化，爲了展開對計畫經濟的批判，他拒絕一切形式的管制，甚至一度主張「貨幣非國家化」，因而剔除了「中間選項」。

很多經濟學家批評他的一些觀點因過於極端而缺乏一致性，還有人因此提出了「米塞斯—海耶克陷阱」。路德維希・馮・米塞斯（Ludwig von Mises）是奧地利學派和新自由主義的早期理論建構者，海耶克是他的學生。

但是，與此同時，沒有人敢否認他的道德勇氣，因而他被視爲新自由主義的一個符號。

到二十世紀八〇年代，美國的雷根（Reagan）總統和英國的柴契爾（Thatcher）夫人發動了新一輪的私有化改革，大幅減少政府對市場的干預，海耶克的名字被他們在各類演講中一再提及，他再度走紅。

海耶克的著作很早就被引入中國，一九六二年，商務印書館以「內部讀物」的方式翻譯出版了《通向奴役之路》，不過，他的觀點與當時中國的局勢格格不入，幾乎掀不起一絲波瀾。

直到二十世紀九〇年代末，中國的經濟改革行至深水區，《通向奴役之路》等書被重新翻譯出版，迅速引起熱烈的關注，成爲市場化擁護者的最重要的理論武器，因爲人們在他的論述中讀到了太多「中國的影子」。

在《通向奴役之路》的「結論」中，海耶克最後說：「如果我們要建成一個更好的世界，我們必須有從頭做起的勇氣——即使這意味著欲進先退……我們幾乎沒有權利感到比我們的祖輩優越。我們不應忘記，把事情弄成一團糟的並不是他們，而是我們自己。」

**閱讀推薦**

關於自由與民主的思考開始於「蘇格拉底之死」，千年未歇，卻從未達成共識。推薦：

- 《良知對抗暴力：卡斯翠奧對抗加爾文》（*The Right to Heresy: Castellio against Calvin*）／史蒂芬・茨威格（Stefan Zweig）著
- 《開放社會及其敵人》（*The Open Society and Its Enemies*）／卡爾・波普（Karl Popper）著
- 《極權主義的起源》／漢娜・鄂蘭 著
- 《理性與自由》（*Rationality and Freedom*）／阿馬蒂亞・沈恩（Amartya Sen）著

# 06 經濟學界有個「矮巨人」

## ——《選擇的自由》

自由、私有、市場這三個詞是密切相關的。在這裡，自由是指沒有管制的、開放的市場。

——米爾頓・傅利曼

在海耶克獲得諾貝爾經濟學獎的兩年後，一九七六年，瑞典皇家科學院把這個獎項頒給了米爾頓・傅利曼（Milton Friedman, 1912-2006），一個身高不足一百六十公分、講話聲音很響的「矮巨人」。

在凱因斯主義大行其道的二戰後二十年，正是海耶克和傅利曼以異類的姿態捍衛了新自由主義的尊嚴，使自亞當・斯密以來所形成的傳統沒有被氾濫的自負淹沒。而也是傅利曼這一代人，讓經濟學創新的重心從老歐洲轉移到了北美新大陸。

傅利曼活了九十四歲，一生著作等身，在這裡向大家推薦的是他的《選擇的自由》（*Free to Choose*）一書。

## 健康的市場經濟，由自由主導

一九一二年，傅利曼出生於紐約市布魯克林區的一個工人家庭，他的父母是從烏克蘭移民到美國的猶太人。傅利曼回憶說，讀小學的時候，在人堆裡，大家都看不到他，因爲他實在太矮小了，可是他又非常愛與人爭論，聲音還很大，同學們給他取了一個外號，叫做「瞎囉」（Shallow，膚淺的意思）。

二十一歲時，傅利曼到芝加哥大學修讀經濟學碩士。上第一堂課時，座位是以姓氏字母順序編排，他緊隨一名叫羅絲的女生之後。兩人六年後結婚，從此終生不渝，相伴六十八年。傅利曼曾說，他的每部作品無一不由羅絲審閱。

在一九七五年，他出版了一本名爲《天下沒有免費的午餐》（*There's No Such Thing as a Free Lunch*）的書，從此使這個概念更廣爲人知。傅利曼認爲，任何商品都有一個價格，這個價格是由勞動力成本、流通成本、稅收及企業家的預期決定的，但如果一個商品的價格低於市場價的話，那意味著有人爲它做了補貼。這個補貼的角色有時是政府，有時是企業。

如果政府提供了低於市場價的商品，意味著政府用納稅人的錢做了補貼。所以傅利曼認爲，天下沒有免費的午餐，「免費」的午餐，其實是全世界最昂貴的。

傅利曼極端崇尚自由，認爲「一個把平等置於自由之上的社會，兩者都得不到。相反，一個把自由置於平等之上的社會，在很大程度上可以兩者兼得」。因此，他認爲，一個健康的市場經濟，應該是由自由資本所主導的，而這個市場最基本的環境就必須是自由的。

對政府干預經濟的行爲，傅利曼保持著極高的警惕，並強調充分的「法治」。他表達過一個跟海耶克很近似的觀點：「已經集中起來的權力，不會由於創造它的那些人的良好願望而變得無害。」他的理論信徒、美國總統雷根曾經多次引用他的另外一句名言：「政府才是導致今天經濟不穩定的主要根源。」

傅利曼一生好辯，且樂此不疲。就跟凱因斯及以後的保羅・羅賓・克魯曼（Paul Robin Krugman）等明星經濟學家一樣，傅利曼樂於爲大眾媒體撰稿，並能夠深入淺出地表述自己的觀點。他曾爲《新聞週刊》（*Newsweek*）寫了十八年的專欄，還曾在電視臺主持一檔名爲《選擇的自由》的系列節目，後來，節目內容結集出版，成了他平生的第一本暢銷書。

傅利曼創立了貨幣學派。他曾著有《美國貨幣史：1867-1960》（*A Monetary History of the United States*,1867-1960），這本書是美國經濟學界研究貨幣的入門級殿堂作品。在這本書中，傅利曼提出了一個觀點：因爲市場的配置是自由的，政府不應該進行管制，所以在貨幣的供給上，政府應該向市場公布一個長期的貨幣供應量。

但是，在凱因斯主義者看來，如果政府做出了長期貨幣穩定的承諾的話，就會缺乏調節市場的能力。

因此，傅利曼的主張跟凱因斯主義形成了一種對立。

晚年的傅利曼因而抱怨說：「五十年前，我們只是被主流思想嘲弄的一小撮人。」

## 顯赫的芝加哥學派

傅利曼生活的二十世紀，正是美國崛起的一百年，在經濟霸權日漸形成的時候，美國需要在經濟學理論上獲得相應的話語權。

在當時的芝加哥大學，聚集了一大批像傅利曼這樣的雄心勃勃的年輕人，其中還包括喬治•史蒂格勒（George Stigler）、羅納德•寇斯等人，他們年紀相近、氣味相投，既各自爲戰，又互相提攜，終而形成了近半個世紀以來最爲顯赫的芝加哥學派。

二十世紀七〇年代之後，先後有六位芝加哥大學的教授或在芝加哥大學讀過書的學者獲得諾貝爾經濟學獎，遠超其他任何學派。傅利曼甚至曾經打趣說，獲諾貝爾經濟學獎需要三項條件：男性、美國公民、芝加哥大學。

經濟學原本就是一門濟世之學，既有屠龍之術，當有用武之地。二十世紀七〇年代，拉丁美洲地區爆發一連串的政治動盪，美國勢力頻頻插手，而作爲經濟學家的傅利曼等人自然不肯落於人後，他們開始向拉美輸出美國經驗。芝加哥大學的經濟系從拉美各國吸引了一批青年前來就讀，他們被稱爲「芝加哥小子」（Chicago boys）。

一九七三年九月十一日，智利發生政變，左翼的薩爾瓦多•阿葉德（Salvador Allende）政權被推翻，親美的奧古斯都•皮諾契特（Augusto Pinochet）軍政府上台。就在阿葉德政府被推翻的幾個小時後，一些年輕的智利經濟學家聚集在一家印刷廠裡，催促著工人趕緊印刷一份叫作「智利經濟復興計畫」的文件。到了第二天中午，這份計畫書已經擺在了皮諾契特的辦公桌上。

這些年輕的智利人均是傅利曼培養出來的「芝加哥小子」。他們給智利經濟開出了一個叫「休克療法」（Shock Therapy）的藥方，主要就是三條：第一，宣布所有的企業私有化；第二，政府全面地放鬆管制；第三，大規模地削減政府的支出。

到了一九七五年的時候，傅利曼覺得智利的改革已經進行一年半了，他決定飛到智利去給他的學生們打打氣。當他見到皮諾契特的時候，將軍對他說，休克療法已經搞了一年多，好像經濟並沒有復甦，反而有點混亂了，應該怎麼辦？大師說：「你唯一做錯的地方是改得不夠快，不夠徹底！你應該進一步推行私有化，政府應該進一步放鬆管制，應該更大幅度地削減政府的投資和支出。」

遺憾的是，傅利曼的休克療法似乎沒有拯救智利。一位叫安德烈‧貢德‧弗蘭克（Andre Gunder Frank）的智利經濟學家，曾是傅利曼的學生，他在一封致傅利曼的公開信中披露：在阿葉德時代，一個普通的工薪階層，用其十七％的收入就足夠支付食物和交通費；但在皮諾契特時代，普通工薪階層用其收入的七十四％，只夠買麵包這一項支出。

皮諾契特一共在位十七年，是一位實際意義上的獨裁者，他多次變更經濟政策，直到二十世紀八〇年代中期，智利經濟才穩定下來，而具有諷刺意味的是，皮諾契特又把銀行和資源型企業收歸國有化，一家國有銅業公司貢獻了全國出口收入的八十五％。

「芝加哥小子」在智利的試驗，成爲經濟學界的一樁公案。政治的高度獨裁與經濟的極端自由化，一直在錯配中痛苦而無解地博弈。在這裡，我們似乎又讀到了凱因斯與海耶克當年的那次小小的交鋒。

傅利曼一直不承認失敗。一九八八年九月，中國爆發了嚴重的通貨膨脹，在經濟學家張五常的陪同下，傅利曼訪華，見到了當時的領導人。在與傅利曼交談時，該領導人曾感嘆說，中國的問題非常複雜，如同一隻老鼠有很多條尾巴。傅利曼脫口而出：「那好辦，把它們一次性剪掉就行了。」

## 以簡單語言表達艱深的經濟理論

傅利曼的故事告訴我們，就如同沒有一家商學院可以教出比爾・蓋茲（Bill Gates）或馬雲一樣，沒有一本經濟學教材或哪個學派，可以爲一國經濟開出現成的改革良方。在某種意義上，這不是凱因斯的錯，也不是傅利曼的錯。

即便在關於美國國內的經濟政策上，他也並不總是對的。譬如，他在很長時間裡不信任獨立的美國聯邦準備理事會（Fed，簡稱聯準會）。他主張在通貨膨脹與貨幣供給之間建立一個緊密而穩定的聯結關係。

可是，現實的問題是，控制貨幣供應在實施上，遠比理論要難得多。直到二〇〇六年，聯準會主席艾倫・葛林斯潘卸任時，傅利曼在《華爾街日報》（*The Wall Street Journal*）撰文承認，他低估了聯準會或葛林斯潘的能力。

傅利曼的學生兼同事、一九九二年諾貝爾經濟學獎得主蓋瑞・貝克（Gary S. Becker）是這麼評價傅利曼的：「他能以最簡單的語言表達最艱深的經濟理論。」

傅利曼非常雄辯，口才極好，但他在晚年的時候，對於名聲帶給他的思想上的寂寞，也有點無奈。在他的回憶錄《兩個幸運的人》（*Two Lucky People*）中，他自嘲說，自從自己成爲學術權威後，只有老妻羅絲是唯一敢跟他辯論的人。

**閱讀推薦**

對自由和存在的意義的討論，是哲學的起源之一，也是二戰後最重要的反思課題，而對其的思考，是每一個人走向成熟的必要一課。推薦：

- 《正義論》（*A Theory of Justice*）／約翰・羅爾斯（John Rawls）著
- 《政治自由主義》（*Political Liberalism*）／約翰・羅爾斯 著
- 《薛西弗斯的神話：卡繆的荒謬哲學》（*Le Mythe de Sisyphe*）／卡繆（Albert Camus）著
- 《異鄉人》（*L'Étranger*）／卡繆 著
- 《一九八四》（*Nineteen Eighty-Four*）／喬治・歐威爾（George Orwell）著

# 07 我寫教科書，其他人擬定法律
## ——《經濟學》

永遠要回頭看。你可能會由過去的經驗學到東西。我們所做的預測，通常並不如自己記憶中的那樣正確，兩者的差異值得探究。

——保羅・薩繆森

直到十八世紀末，經濟學還不是一門獨立的學科，亞當・斯密小心翼翼地把它從哲學和歷史學中剝離出來，至凱因斯大開大合，開創了宏觀經濟學。到一九四八年，保羅・薩繆森（Paul Samuelson, 1915-2009）寫出了第一本經濟學的大學教科書，至此經濟學才終於形成了自己的學科教育範式。這一年，薩繆森三十三歲。

薩繆森比傅利曼小三歲，他在芝加哥大學經濟系讀本科的時候，傅利曼在攻讀碩士學位，他們終生互相欣賞，卻彼此暗中較勁。本科畢業後，薩繆森離開芝加哥去了美國東部，此後一直在哈佛大學和麻省理工學院遊走，他從來不承認自己是芝加哥學派。

一九七〇年，薩繆森獲得諾貝爾經濟學獎，是那一代美國天才經濟學家俱樂部中的第一個，比傅利曼早了六年。

## 經濟學的最後一個通才

薩繆森家族似乎有經濟學基因，他的弟弟和妹妹都是經濟學家，他還有一個侄子勞倫斯•薩默斯（Lawrence Summers）也是經濟學家，當過美國的財政部部長和哈佛大學校長。

從讀書之日起，薩繆森就是一個學霸，他在芝加哥大學的平均學分是A，在哈佛是A+。他的導師包括法蘭克•奈特（Fank Knight）、亨利•西蒙斯（Henry Simons）、道格拉斯•諾思（Douglass C. North）、約瑟夫•熊彼得（Joseph A. Schumpeter）及有「美國的凱恩斯」之稱的阿爾文•漢森（Alvin Hansen），可以說，他是在一家全世界最傑出的乳牛場裡長大的牛仔。

從哈佛博士畢業後，薩繆森進入了一個研究學會，其中有多位成員獲得過諾貝爾獎。正是在那個充斥著公式和數字模型的圈子裡，薩繆森迷戀上了數學——他日常的業餘愛好居然是解各種數學公式，並把它們引入經濟學。在一份自述中，他寫道：「我在大學時代就察覺到，數學會爲現代經濟學帶來革命。我持續研究數學，到現在還記得第一次看到拉氏乘數的情景。」他在博士階段的研究，就嘗試著用數理、統計的方法來推演經濟學問題，更新了整個經濟學的研究範式。

三十歲的時候，薩繆森成了三胞胎的爹，他決定要賺更多的錢養家，一位同事提醒他，如果能夠寫一本經濟學的教科書，那將是一份收入可觀的工作。

於是，薩繆森眞的用了三年時間去做這個項目。一九四八年，《經濟學》出版，迅速成爲北美乃至全球各大院校的通用教材。此後這本書每三年修訂一次，讓薩繆森吃了一輩子豐厚的版稅，他因此頗有點驕傲地說：「只要這個國家的教科書是我寫的，那就讓其他人去擬定法律條文吧。」

薩繆森的《經濟學》有兩個開創性的特點。

其一，他建立了經濟學的基本學科敘述體系。全書共七個單元，分別是：基本概念，微觀經濟學，要素市場，應用微觀經濟學，宏觀經濟學，經濟發展、經濟增長與全球經濟，失業、通貨膨脹與經濟政策。

在寫這本《經濟學》教材的時候，薩繆森還畫出了一些曲線，直到今天它們仍然被應用著，成爲經濟學的一個基本框架。比如說，他畫出了全世界第一條供給曲線、需求曲線和成本曲線。薩繆森自稱是「經濟學的最後一個通才」，就是因爲他充當了這一學科的建築規畫師的角色，在他之後的任何天才，除非另起爐灶，否則永遠只能在他的圖紙上修修補補而已。

其二，薩繆森把數學模型大規模地引入經濟學體系中。經濟學越來越像一門科學，一門可以透過公司和資料函數所推導的科學。

他回憶說，自己在芝加哥大學攻讀經濟學時，經濟學還只是文字的經濟學。僅有少數勇於創新者使用數學符號。矩陣是稀有動物，在社會科學的動物園中尚不見蹤跡，充其量只能看到一些簡單的行列式……經濟學像睡美人，它的甦醒正有待新方法、新典範與新問題的一吻。

而薩繆森之後的經濟學開始被數學工具統治，它變得壁壘森嚴，令人望而生畏，也終於與哲學、歷史學劃江而治，獨立成國。

## 自創新古典綜合學派

薩繆森是一個特別不善於謙虛的人，他曾沾沾自喜地引用別人的評論說：「新生代的經濟學將來自《經濟學》一書。」

「我可以自誇，在談論現代經濟學時，我所談論的正是『我自己』。我所研究的範疇，涵蓋了經濟學的各個領域。我有次自稱是經濟學界最後一位通才，著作與教授的科目廣泛，諸如國際貿易與計量經濟、經濟理論與景氣迴圈、人口學與勞動經濟學、財務金融與獨占性競爭、教條歷史與區位經濟學等等。」

儘管這樣的自誇聽上去讓同僚們不太舒服，不過好像也沒有人覺得有什麼不妥。有的天才就是善於給自己寫「維基百科」。瑞典皇家科學院把諾貝爾獎頒給他的理由，也幾乎如出一轍：「他發展了數理和動態經濟理論，其研究涉及經濟學全部領域。」

跟傅利曼等人一樣，薩繆森不是一個躲在學院裡的學究，他三十歲時就被聘任為美國財政部顧問，從此他的理論一直盤旋在白宮上空。

一九六一年一月，約翰•甘迺迪（John F. Kennedy）就任美國總統，美國此時正面臨經濟蕭條，他所發表的第一篇國情咨文中就悲觀地宣布：「目前的經濟狀況是令人不安的。我是在經歷七個月的衰退、三年半的蕭條、七年的經濟增長速度降低、九年的農業收入下降之後就任的。」

薩繆森被甘迺迪聘為總統經濟顧問，在他的一力建議下，著名的「甘迺迪減稅」政策推出。這一國策增加了消費支出，擴大了總需求，並促進了經濟生產和就業。當減稅政策最終在一九六四年全面實施時，它促成了一個長達八年的經濟高增長時期。

在學術界，薩繆森也儼然扮演了江湖盟主的角色。他是世界計量經濟學會、美國經濟學會、國際經濟學會的會長，如果有銀河經濟俱樂部，大概也少不了他。一九六一年，他在《經濟學》第五版中，宣告自立了一個門派——新古典綜合學派。

## 後凱因斯主義者

不過，薩繆森也不是沒有對手和「敵人」，他們就是芝加哥學派的那些傲慢的自負者們——傅利曼、史蒂格勒和寇斯等人。

進入二十世紀七〇年代中期，歐美各國都出現了經濟停滯和通貨膨脹並存的現象，即「滯漲」。薩繆森的新凱因斯主義遇到了麻煩，無法解釋這一現象。

輪盤終於從薩繆森那裡轉到了芝加哥大學，傅利曼等人的貨幣學派開始占領總統經濟顧問委員會，他們主張政府最重要的經濟職能就是調節貨幣供應，除此之外則不應該對經濟進行任何干預。雷根政府正是奉行了貨幣學派的政策，走出了滯漲的泥潭，並開創了另一個高增長的時期。

二十世紀九〇年代之後，一些戰後出生的中生代學者也發起了對薩繆森的挑戰，他們認爲他已經「老」了。約瑟夫•史迪格里茲（Joseph Stiglitz）、格里高利•曼昆（N.Gregory Mankiw）等人相繼出版了獨立編撰的《經濟學》教科書，它們都極具影響力。

史迪格里茲在自己的教科書中，專門針對曾經的導師薩繆森寫了一段話：「現有的教科書不能使人們瞭解現代經濟學，即不能使人們理解現代的經濟學者如何考察世界的原理，以及不能使人們理解爲了懂得當前的經濟問題而必須具備的原理。當我們即將進入一個新世紀的時候，我們需要超過馬歇爾和薩繆森。」

薩繆森當然不認爲芝加哥學派的那些人可以替代他。他批評史蒂格勒在數學方面沒受過扎實的訓練，他還說寇斯不懂定理，「寇斯並不知道自己的定理是什麼。至於到底是否存在這麼一個定理，還存在較大的爭議」。對於最具影響力的傅利曼，他更是時不時在演講中對其冷嘲熱諷。

對「當代凱因斯主義的集大成者」這個標籤，薩繆森並不太樂意接受，他稱自己爲「後凱因斯主義者」，認爲完全忠實於凱因斯主義，甚至和相信納粹口號一樣好笑。

他在文集《中間道路經濟學》（*Middle Way Economics*）序言中表示，左派和右派的思想家喜歡用極端對立的方式思考問題，但這並不是他作爲一個經濟學家的作風，經驗使他不得不成爲折衷主義者：在個人的創造性和最優社會規則之間，尋找一條中庸之道。

二〇〇八年，金融危機爆發後，薩繆森在《紐約時報》撰文，仍然沒有饒過已經去世的傅利曼，他認爲金融危機的肇因就是受了傅利曼思想影響的政策。他寫道：「今天我們見識了傅利曼的『一個市場能夠調節它自身』的觀點有多麼錯誤，我希望他仍然活著，這樣他就能夠見證他觀念中的極端主義是如何導致自身的失敗。」

一年後的二〇〇九年十二月十三日，薩繆森也去世了。不知道，這兩位同樣善於辯論並終生互不服氣的經濟學家，在天堂裡是否又會整天吵個沒完。

## 閱讀推薦

薩繆森的《經濟學》已出到了第十九版，發行逾千萬冊，是絕大多數經濟學、管理學本科學生的教科書。推薦閱讀的版本是商務印書館出版的三個版本——名著版、教材版和典藏版（以上皆是簡體中文版）。此外，還推薦與薩繆森的《經濟學》並稱為「最受歡迎的三大經濟學教材」的另外兩本：

- 《經濟學》（*Economics*）／約瑟夫・史迪格里茲（Joseph F. Stiglitz） 著
- 《經濟學原理》（*Principles of Economics*）／格里高利・曼昆（N. Gregory Mankiw） 著

在商業入門教科書中，推薦：

- 《企業概論》（*Understanding Business*）／威廉・尼克斯（William G. Nickels）等 著

若對經濟理論史感興趣，推薦：

- 《經濟增長理論史》（*Theorists of Economic Growth from David Hume to the Present*）／羅斯托（W・W・Rostow） 著

# 08 一個「旁觀者」的創新
## ——《創新與創業精神》

管理就是界定企業的使命，並激勵和組織人力資源去實現這個使命。界定使命是企業家的任務，而激勵與組織人力資源是領導力的範疇，兩者的結合就是管理。

——彼得・杜拉克

現代意義上的經濟學（馬克思當時稱爲庸俗經濟學）萌芽於十八世紀末，與此相比，管理學的出現則要晚一百三十多年。

一九一一年，機工學徒出身的弗雷德里克・溫斯洛・泰勒（Frederick Winslow Taylor）出版了《科學管理原理》（*The Principles of Scientific Management*），標誌著管理學的雛形初現。而當時，亨利・福特（Henry Ford）的T型車已經問世三年了。泰勒認爲，只有用科學化、標準化的管理替代傳統的經驗管理，才是實現最高工作效率的手段。他的理論全部來自於美國企業家們在工廠生產線的成功實踐經驗。

而眞正讓管理學建立完整知識架構，並對企業的性質和企業家精神進行了定義的，則是彼得・杜拉克（Peter F. Drucker，1909-2005），他因此被稱爲「大師中的大師」。

杜拉克一生著述超過六十種，其中，《企業的概念》（*Concept of the Corporation*）、《彼得・杜拉克的管理聖經》（*The Practice of Management*）、《杜拉克談高效能的五個習慣》（*The Effective Executive*）、《管理：任務、責任、實踐》（*Management: Tasks, Responsibilities, Practices*）（編注：繁中版分三冊出版，合為〈管理大師彼得・杜拉克最重要的經典套書〉）、《創新與創業精神》（*Innovation and Entrepreneurship*）、《典範移轉：杜拉克看未來管理》（*Management Challenges for the 21st Century*）和《旁觀者：管理大師杜拉克回憶錄》（*Adventures of a Bystander*），到今天，都是值得認眞閱讀的經典著作。每一個從事商業工作的人，都應該爲杜拉克專門留下一行書架。

## 讓管理成爲獨立的學門

一九〇九年，杜拉克出生於維也納，母親是一位醫生。八、九歲時，小杜拉克與心理學家西格蒙德・佛洛伊德（Sigmund Freud）握過一次手，他到晚年一直對此津津樂道。這對他的潛在影響也許眞的不小，在自傳《旁觀者》中，他寫道：「我一向對具體的『人』相當感興趣，不喜歡人的抽象概念。我所寫的一切無不強調人的多變、多元及獨特之處。」

二十二歲時，杜拉克獲得法蘭克福大學法學博士學位。年輕的杜拉克曾有過短暫的新聞記者的經歷，後來成爲一位管理顧問——一個特別有意思的現象是，優秀的管理學者大多有媒體和顧問公司的從業經歷。

一九四三年，杜拉克受聘爲當時世界上最大的企業——通用汽車公司的顧問，對公司的內部管理結構進行研究。通用汽車表示出極大的坦誠，它向杜拉克開放了所有公司文件，並允許他訪問公司的任何一位職員。而杜拉克爲了創作這個案例也下了大功夫，他花兩年時間訪問了通用汽車的每一個分部和位於密西西比河以東的大部分工廠，進行了大量的考察和訪談工作，閱讀了浩瀚的、分爲不同機密等級的內部文件。

一九四六年，杜拉克出版《企業的概念》，講述擁有不同技能和知識的人在一個大型組織裡怎樣分工合作。這算是史上第一本關於大型企業組織管理營運的專著。在書中，杜拉克對通用汽車的管理模式及公司價值觀提出了不少質疑。這部作品出版後，當即遭到了通用汽車的全面抵制。在此後的二十多年裡，通用都拒絕評論這部作品。甚至在該書出版二十年後，通用汽車CEO艾弗雷德・史隆（Alfred Sloan）出版了比《企業的概念》厚一倍的《我在通用的日子》（*My Years with General Motors*），全面駁斥杜拉克的觀點。而這兩本書的交相輝映，正印證了管理學的多元與複雜。

一九五四年，杜拉克出版《管理的實踐》，提出了一個具有劃時代意義的概念——目標管理。此後二十年是杜拉克創作的黃金期，他先後出版了《杜拉克談高效能的五個習慣》、《管理：任務、責任、實踐》等書，全面建構了管理學的學科體系，也正是在他的努力下，管理學成爲一門獨立學科。

在杜拉克看來，管理學就本質而言，是關於人的管理和自我管理的綜合藝術——「綜合」是因爲管理涉及基本原理、自我認知、智慧和領導力，「藝術」是因爲管理是實踐和應用。企業組織的目的是創造和滿足顧客，企業的基本功能是行銷與創新。組織的目的是使平凡的人做出不平凡的事。

## 管理是一種新技術

一九八五年，七十六歲的杜拉克出版了《創新與創業精神》，在我看來，這是杜拉克「最後的不朽傑作」。他從管理學的角度定義了什麼是企業家的創業精神，並將之輸出為一種全社會的能力。

第一個把創新提煉為商業關鍵字的是經濟學家熊彼得——杜拉克父親的朋友。他認為所謂創新，就是建立一種新的生產函數，把一種從來沒有過的關於生產要素和生產條件的新組合引入生產體系。而企業家的職能就是實現創新。熊彼得把資本主義描寫為以「永不停止的狂風」和「創造性破壞」為特徵的經濟系統，創新是「不斷地從內部革新經濟結構」的「一種創造性的破壞過程」。

杜拉克對熊彼得的理論進行了管理學意義上的格式化，在書中，他把創新視為企業家精神的核心，並且認為，這是一個可以被組織化的任務和系統化工作。創新是有目的性的，是一種訓練。檢驗創新的並不是它的新奇、它的科學內容或是它的小聰明，而是它在市場中的成功與否。

在杜拉克看來，傳統的經濟學家們對企業家的重要性的認識是不足的，經濟學並沒有解釋為什麼十九世紀末出現了那種企業家精神。企業家精神本身及其如此重要的原因都不屬於經濟範疇，而與價值觀、認知和處世態度的改變有關，也包括人口、機構和教育的變化。

在這個理論基礎上，杜拉克創造性地提出了「企業家經濟」這個新概念。他發現了幾個重要的事實：

在過去的幾十年裡，企業的組織模式和管理經驗，已經超出商業的範疇，而被廣泛地使用於政府、科研機構和其他非營利性組織。企業，特別是中小企業成爲一個國家繁榮的基本動力，它們再造了社會運轉的模式。

企業家精神和創新，構成一種新的價值觀，體現在各個階層和行業，成爲文化和社會心理的基本面。

杜拉克因此得出結論：管理是一種新技術（而不是特定的某個科學或發明），它使美國經濟走向了企業家經濟，也將使美國進入一個企業家社會。

## 如何構築「企業的策略管理」？

史都華・克萊納（Stuart Crainer）在《企管大師報到：創造管理的五十位思想家》（*50 Thinkers Who Made Management*）中寫道：「杜拉克在世的這些年來，管理者們只有一件事可做，那就是思考或面對他在書中沒有寫到的問題。」

杜拉克是一個善於把複雜問題簡單化的人，但這還不是他的思想最迷人的地方。杜拉克之所以是一個偉大而不僅僅是一個優秀的管理思想家，是因爲他終生都在拷問自己一個看上去不是問題的問題：「企業是什麼？」一九九二年，他在接受《華爾街日報》的一次專訪中再次提醒說：「企業界到現在還沒有理解它。」

他舉了鞋匠的例子，他說：「他們認爲一個企業就應該是一台賺錢的機器。譬如，一家公司造鞋，所有的人都會對鞋子沒有興趣，他們認爲金錢是眞實的，其實，鞋子才是眞實的，利潤只是結果。」

我不知道別的人讀到這段文字時是什麼感受，至少我是非常感動。我是在做了十多年的企業調研之後，才讀到這段話的，在那一刻，我覺得自己似乎終於觸摸到了所謂的「商業之美」。

也許我們眞的太漠視勞動本身了，我們只關心透過勞動可以獲得多少金錢，卻不太關心勞動本身及其物件的意義。世界上之所以出現鞋匠，是因爲有人需要鞋，而不是因爲鞋匠需要錢。杜拉克自稱是一個「介入的旁觀者」，永遠在一線，永遠格格不入。

他一生研究大公司，但他自己的機構卻只有一台打字機、一張書桌，也從來沒雇用過一名祕書。他半輩子住在一個小城鎮上，似乎是爲了抵抗機構和商業對思想的侵擾。在一封公開信中，他抱歉地寫道：「萬分感謝你們對我的熱心關注，但我不能——投稿或寫序；點評手稿或書作；參與專題小組和專題論文集撰寫；參加任何形式的委員會或董事會；回覆問卷調查；接受採訪和出現在電臺或電視臺。」

一九九四年，詹姆•柯林斯（Jim Collins）剛剛出版了《基業長青：高瞻遠矚企業的永續之道》（*Built to Last: Successful Habits of Visionary Companies*）。有一天，他受到杜拉克的邀請去共度一日，當時，柯林斯想創辦一間顧問公司，名字就叫「基業長青」，杜拉克問他的第一個問題是：「是什麼驅使你這樣做？」柯林斯回答說是好奇心和受別人影響。他說：「噢，看來你陷入了經驗主義，你身上一定充滿了低俗的商業氣息。」

每一個企業家碰到杜拉克都會問他一個與自己產業有關的問題。而杜拉克卻告訴大家：「企業家首先要問自己：我們的業務是什麼？」這好像是一個再簡單不過的問題了，卻是決定企業成敗的最重要的問題。要解答這個問題，企業家必須首先回答：誰是爲我們提供「業務」的人？也就是說，誰是我們的顧客？他們在哪裡？他們看中的是什麼？我們的業務究竟是什麼？或者說，我們應該做什麼？怎麼做？不做什麼？

這樣的追問，它的終極命題便是：你將如何構築「企業的戰略管理」。

## 再也不會有杜拉克了

二〇〇五年十一月十一日，彼得・杜拉克在酣睡中悄然離世，而在前一年，他還出版了最後一部新作。

再也不會有杜拉克了。

在管理界，杜拉克的後繼者們似乎已經排成了隊，湯姆・畢德士（Tom Peters）、詹姆斯・錢皮（James Champy）、蓋瑞・哈默爾（Gary Hamel）、詹姆・柯林斯，乃至日本的大前研一，他們更年輕、更富裕、更有商業運作的能力，他們的思想有時候更讓人眼花目眩，但是，當大師眞正離去的時候，我們才發現，再也不會有杜拉克了。再也不會有人像他那樣，能夠把最複雜的管理命題用如此通俗的語言表達出來。再也不會有人像他那樣，用手工業的方式來傳播思想。

在今後五十年內，想要取得杜拉克式的成功是困難的。我們姑且不說當代公司管理的課題已經越來越技巧化，商業思想的製造越來越商品化，單是就一個人的生命而言，那也困難到了極點——

它要求一個人在四十歲之前就完成他的成名之作，接著在隨後的五十年裡不斷有新的思想誕生——起碼每一年半出版一部新著。他要能夠每隔五年把《莎士比亞全集》從頭至尾重讀一遍。另外，最困難的是，他要活到九十六歲，目睹自己的所有預言一一實現，而此前的一年，還能夠從容應對《華爾街日報》記者的刁鑽採訪。

**閱讀推薦**

管理類的書籍不勝枚舉，除了杜拉克，如果再推薦三本的話，我的書單是：

- 《管理學》（*Management*）／史蒂芬・羅賓斯（Stephen P. Robbins）著
- 《影響力：讓人乖乖聽話的說服術》（*Influence: The Psychology of Persuasion*）／羅伯特・席爾迪尼（Robert B. Cialdini）著
- 《與成功有約：高效能人士的七個習慣》（*The 7 Habits of Highly Effective People*）／史蒂芬・柯維（Stephen Covey）著

# 09 策略模型的設計大師——〈競爭三部曲〉

策略思想很少自發地產生。競爭優勢是競爭性市場中企業績效的核心。

——麥可・波特

哈佛大學商學院成立於一九〇八年，比彼得・杜拉克還年長一歲，是世界上最著名的商業思想產房和企業家搖籃。大學之大，在於大師，它的盛名正在於擁有一支無比顯赫的「教授軍團」和影響力巨大的《哈佛商業評論》。

麥可・波特（Michael E. Porter, 1947-）算是哈佛商學院裡名聲最隆的教授。在二〇〇五年的「世界管理思想家五十強」排行榜上，他位居第一。

波特研究的領域是策略。如果說杜拉克確立了管理學的學科地位，那麼，比他晚一輩的麥可・波特則讓管理學的影響力超出了商業世界的範疇。讓波特成為「競爭策略之父」的，是他的三本〈競爭三部曲〉：《競爭策略》（*Competitive Strategy*）、《競爭優勢》（*Competitive*

*Advantage*）和《國家競爭優勢》（*The Competitive Advantage of Nations*）。

## 以《競爭策略》奠定學術地位

麥可‧波特出生於二戰後的一九四七年，他的父親是一名軍官，在美國軍需處服役，官至上校。波特畢業於普林斯頓大學的機械與航空航太工程專業。一九七三年，他獲得哈佛大學商業經濟的博士學位。他是一位體育癡迷者，參加過高中和大學的橄欖球隊、棒球隊和高爾夫球隊。也就是說，他遺傳了家族的軍人基因，他的血管裡流淌著對抗和競爭的血液。

「策略」是一個從軍事學誕生出來的名詞，在很長時間裡，商學院關於企業策略的授課大多採用經典的軍事著作，包括《孫子兵法》。在波特之前，只有企業史學者阿爾弗雷德‧錢德勒（Alfred Chandler, Jr.，他也是哈佛商學院培養出來的大師）在《戰略與結構：美國工商企業成長的若干篇章》（*Strategy and Structure: Chapters in the History of the American Industrial Enterprise*）一書中，以案例分析的方式，對企業策略的建構與實施進行過闡述。

一九八〇年，三十三歲的麥可‧波特出版了《競爭策略》，頓時開創了新局面。

> 企業競爭戰略要解決的核心問題是，如何透過確定顧客需求、競爭者產品及本企業產品這三者之間的關係，來奠定本企業產品在市場上的特定地位並維持這一地位。

麥可‧波特提出了三種一般性策略：總成本領先策略、差異化策略及專一化策略。

「總成本領先策略」要求企業必須建立高效、規模化的生產設施，全力以赴降低成本，嚴格控制生產製造、研發、服務、推銷、廣告及管理等成本，確保總成本低於競爭對手。

「差異化策略」是將公司提供的產品或服務差異化，樹立起一些在全產業範圍中具有獨特性的東西。實現差異化策略可以有許多方式，如設計名牌形象，保持技術、性能特點、顧客服務、商業網絡及其他方面的獨特性等等。

「專一化策略」是公司主攻某個特殊的顧客群、某產品線的一個細分區段或某一地區市場，使其盈利的潛力超過產業的平均水準。公司要嘛透過滿足特殊物件的需要而實現了差異化，要嘛在爲這一物件服務時實現了低成本，或者兩者兼得。

這三種一般性策略都無法盡善盡美。比如，控制總成本，有可能影響公司的長期研發投入；追求差異化和專一性，與提高市場份額的目標往往不可兼顧，而且總是伴隨很高的成本代價和交付風險。麥可•波特在《競爭策略》中，對此進行詳盡詮釋並提供可能的解決方案。

《競爭策略》的出版，讓年輕的波特聲名鵲起，從而奠定了他的學術地位。《經濟學人》（*The Economist*）雜誌讚譽說：「如果有人能把管理理論改變爲令人尊敬的學院派原則，這個人就是麥可•波特。」

## 「價值鏈」與「五力模型」

一九八五年，麥可•波特出版《競爭優勢》，進一步完善了他的競爭策略理論。他創造性地提出了「價值鏈」這個全新概念：「每一個企業都是在設計、生產、銷售、發送和輔助其產品的過程中進行種種活動的集合體。所有這些活動可以用一個價值鏈來表明。它們互不相同但又相互關聯，構成了一個創造價值的動態過程。」

波特進而認爲，所有的競爭規則總是以五種競爭力量的形式出現，他總結爲「五力模型」。「五力」包括：供應商的議價能力、購買者的議價能力、潛在競爭者進入的能力、替代品的能力和行業內競爭者現在的競爭能力。五種力量的不同組合變化，最終影響行業利潤和競爭格局的演化。

一位優秀的理論建構者的核心能力就是，能夠將大量不同的因素彙集在一個簡單的模型中，以此分析一個艱澀課題的基本態勢。麥可‧波特無疑具備了這種天才般的能力。

波特提出的三種一般性策略和「五力模型」，成為無數企業和行業研究競爭能力和確定策略的基本分析框架。

## 國家經濟競爭力的「菱形模型」

一九九〇年，麥可‧波特完成了〈競爭三部曲〉的最後一部《國家競爭優勢》。在這本書中，波特展現出更大的雄心，他試圖把自己的競爭策略理論延伸到一個更廣泛而具挑戰性的學術領域——國家競爭力的策略設計。

波特集中研究了英國、丹麥、義大利、日本、韓國、新加坡、瑞士、瑞典、美國和德國等十個國家，對戰後不同的國家發展模型提出了自己的看法。他試圖用自己的理論解釋，是什麼使某個國家的企業和行業在全球市場上具有競爭力，又是什麼在推動整個國家經濟的前進。

他提出了一連串誘人的設問：「為什麼以某個國家為基地的企業就可以創造和維持競爭優勢，並能和另一個地區的全球最好的競爭對手旗鼓相當？為什麼小小的瑞士可以在製藥、巧克力和貿易領域裡領先於世界其他地區？為什麼載重貨車和採礦設備的行業巨頭都在瑞典？」

正是從這些設問出發，波特提出了一個國家構建經濟競爭力的「菱形」模型，它由四種力量組成：要素條件，需求條件，相關支援行業，以及企業的策略、結構和對手。

波特寫作此書的時候，世界正在發生幾個歷史性的巨變：全球經濟一體化進入一個新的高潮期，跨國公司的力量日益顯現，而同時，東歐劇變、蘇聯解體讓傳統意義上的計畫經濟模式破產，但是「東亞四小龍」的崛起則呈現出另外一種全新的政府主導經濟模式。

作為一個非政治領域的學者，波特的《國家競爭優勢》從一個出其不意的視角為人們的思考打開了一扇窗，也讓他冒險進入了一個新的商業領域。

在杜拉克時代，管理學家從來只與企業打交道，政府的智庫或顧問委員會的椅子都是為經濟學家們準備的，如果有一個國家的政要到哈佛大學聘用學者，一般不會去商學院，而是逕直到查理斯河對岸的甘迺迪政府學院。然而，波特徹底打破這一慣例。他成為印度和葡萄牙的國家策略顧問，還為哈佛大學所在的麻州政府擬定了《麻塞諸塞州的競爭優勢》白皮書。在亞洲，他更成為新加坡的李光耀、馬來西亞的馬哈蒂爾等強勢領導人最喜歡的西方學者。

可以說，正是波特混淆了管理學家的學術服務邊界，而這正應和了杜拉克在一九八五年所提示的「企業家精神向全社會滲透」的前景。不過，波特的國家競爭策略也讓經濟學家們很不爽，後者覺得管理學家動了他們的「乳酪」，手伸得實在太長了（參見本書一五〇頁第二十章保羅・克魯曼一篇）。

## 商業世界的不確定性遠大於模型

麥可・波特的著作嚴謹而富有層次感，具備強大的推理性和一致性，不過，也冗長而沉悶。他很沮喪自己沒有暢銷書作家的天賦。《經濟學人》雜誌調侃道：「若是讓麥可・波特發表些妙語連珠、引人注目的東西，會比要求他穿著女式內衣公開演講還讓他感到難堪。」

甚至，他的競爭策略理論，也常常遭到詬病，有人抱怨說：「這更多是一種理論思考工具，而非可以實際操作的策略工具。」

二〇一二年十一月，還發生過一件轟動一時的事件。由麥可・波特發起成立的一家策略諮詢公司摩立特集團（Monitor Group），因經營不善向法院提出了破產保護的申請。「策略大師也救不了自己的公司」的新聞，讓他非常難堪。波特透過《哈佛商業評論》澄清說：「我從來不曾爲摩立特工作過。我參與創辦、支持並鼓勵他們，但我既沒有位列董事會，也不曾任職於管理層。」

其實，摩立特事件無非再一次證明，策略的制定與執行，是多麼不同而困難的兩件事情，商業世界的不確定性，遠遠大於書本上的任何模型。就學術而言，哪怕摩立特破產一百次，當人們討論競爭策略的時候，還是無法繞開這個熟悉的名字：麥可・波特。

**閱讀推薦**

其他以「策略」定名的書籍，大多是對波特理論的詮釋或補充，在這裡推薦兩本與策略設計有關的書籍，它們生動而實用：

- 《企業生命週期》（*Managing Corporate Lifecycles*）／伊查克・愛迪思（Ichak Adizes）著
- 《公司精神》（*Corporate Religion*）／傑斯珀・昆德（Jesper Kunde）著

# 10 群眾如何被發動起來？——《烏合之眾》

群體的「上帝」從未消失，一切宗教或政治信條的創立者之所以能站得住腳，是因為他們成功地激起了群眾想入非非的感情，他們使群眾在崇拜和服從中，找到了自己的幸福，隨時準備為自己的偶像赴湯蹈火。

——古斯塔夫・勒龐

所有政治、經濟規畫或商業活動的成敗，歸根到底，都取決於受眾的行爲：他們在什麼時候，願意以怎樣的價格或方式，爲什麼而買單——它可能是一個商品，也可能是一個理想。黑格爾認爲，獲得認可的欲望，是人最基本的願望。可問題正在於，認可和欲望，都很難徹底地被量化和評估。

在這個意義上，很多人便認爲，經濟學和管理學終歸不是一門「科學」，它們儘管已經獨立門派，但是在根源上，仍然無法剪掉與人文哲學和歷史學之間的「臍帶」。

即便對於經典經濟學家而言，所有的模型、公式和數據仍然需要建立在最爲微妙而波動的消費者心理之上。凱因斯在建構他的宏觀經濟學體系時，便提出了三大基本心理規律，分別是邊際消費傾向規律、資本邊際效率規律和流動偏好規律，它們被視爲凱因斯主義的支柱。

在過去一百年裡，有三位非經濟學科出身的人（他們分別是心理學家、碼頭工人和政治傳播學家）先後寫出了三本著作，勾勒出了群體心理在公共行爲中的非理性表現。

## 大衆心理學的奠基之作

這三本書中，最出名、最具理論價值的是法國人古斯塔夫・勒龐（Gustave Le Bon, 1841-1931）的《烏合之眾》（*Psychologie des Foules*），它是大眾心理學的奠基之作。

勒龐出生於一八四一年，是一位醫學博士，他到四十三歲左右的時候才開始研究群體心理，而那時，正是工業革命再造歐洲社會的轉折時刻。

在書的引言中，他明晰地寫道：「當今時代是人類思想正在經歷轉型的關鍵時刻之一，它來自於兩個基本因素，一是宗教、政治和社會信仰的毀滅；二是現代科學和工業的發展創造了一種全新的生存和思想條件。」

混亂造成了群龍無首的過渡狀態，勒龐稱之爲「群體時代」，而可怕的是，立法者和政治家對「大眾階層是如何崛起的、又是如何滋生出力量的」，其實一無所知。

作爲一個資深的病理學家，勒龐把正在發生巨變的社會看成一群「集體發作的病人」。他認爲，當無數的人聚集在一起的時候，他們的行爲在本質上不同於人的個體行爲。人在群體聚集時有一種思想上的互相統一，勒龐稱之爲「群體精神統一性的心理學定律」，他得出了一個非常可怕的結論：理性對群體毫無影響力，群體只受無意識情感的影響。

在《烏合之眾》一書中，勒龐提出了一系列駭人聽聞的觀察：

群體用形象思維思考，且這些形象之間並無邏輯關係。形象暗示產生的情感，有時非常強烈以至於能夠被付諸行動。群體易被奇蹟打動，傳說和奇蹟是文明的真正支柱。

高深的觀念必須經過簡化才能被群眾接受，這和做產品很像，普及的產品一定是非常簡單通用的。要影響群體，萬萬不可求助於智力或推理，絕對不可以採用論證的方式，而是應該從情感層面施加影響。而且，要想讓這種信念在群體中扎根，需要把能導致危險的討論排除在外，就像是宗教的手法。

群體不善推理，卻急於行動。時勢造英雄，其實英雄只是一個被動的產物，英雄的出現是必然的，但具體是誰成了英雄，是偶然的。影響想像力的絕對不是事實本身，而是事實引起人們注意的方式，掌握了影響群體想像力的藝術，也就同時掌握了統治他們的方式。

大眾的想像力歷來都是政治家權力的基礎，偉大的政治家都會把群眾的想像力視為權力的基石。群體會誇大自己的感情，因此它只會被極端感情所打動。希望感動群體的演說家，必須出言不遜、信誓旦旦、不斷重複，絕對不以說理的方式證明任何事情。

群體的道德，會比個人的更好或更壞。他們可以殺人放火，無惡不作，但是也能表現出極崇高的獻身和不計名利的舉動，即孤立的個人根本做不到的極崇高的行為。以名譽、光榮和愛國主義作為號召，最有可能影響到組成群體的個人，而且甚至可以達到使人慷慨赴死的地步。

⋯⋯

在這本並不太厚的心理學著作中，充斥著這樣的文字，如手術刀般冰冷，卻又精準細微。

爲了向人們描述群體癲狂效應是如何在商業行爲中發酵並被資本家們所利用的，勒龐引用了發生在一七一九年的「密西西比計畫」。

在那次事件中，一位法國銀行家以一個子虛烏有的密西西比流域的經濟開發計畫爲由，發行並炒作股票，釀成法國金融史上最大的泡沫。勒龐警示道：「是金錢導致了癲狂，還是癲狂製造了幻想？群體聚在一起的荒唐行爲可見一斑。」

## 開啓群體心理研究的先河

勒龐的《烏合之眾》開了群體心理研究的先河，其後數十年追隨者頗多，而最值得讀的兩本書是沃爾特・李普曼（Walter Lippmann）的《公眾輿論》（*Public Opinion*）和艾利克・賀佛爾（Eric Hoffer）的《狂熱份子》（*The True Believer*）。

李普曼是美國當代最偉大的政治評論家，撰寫專欄六十年，有人戲稱，美國人早上起床必做兩件事：喝牛奶和讀李普曼的專欄。二戰前後的歐美自由世界，李普曼和凱因斯是政經界知名度最高的公共知識份子。

《公眾輿論》出版於一九二二年，彼時，報紙和電臺開始普及，眞正意義上的大眾傳播具備了切實的土壤。對民眾群體心理的瞭解及對輿論的利用與掌控的能力，成了一個政治組織和商業機構獲得民意和利益的決定性因素。

李普曼在書中創造了一個新詞：擬態環境（pseudo-environment）。他認爲，我們人類生活在兩個環境裡：一是現實環境，一是虛擬環境。前者，是獨立於人的意志和體驗之外的客觀世界；而後者，是被人意識到或體驗到的主觀世界。與此類似，同樣存在著「眞實人格」和

「虛擬人格」。

據此他提出，世界和偉大人物，其實都是被想像和定義出來的。道德準則是固化了的成見。大人物是透過一種虛構的個性而廣爲人知，他的形象往往是自我塑造與大眾塑造的產物，而在這一塑造過程中，集體沉迷其中，不亦樂乎。虛擬甚至會自我實現爲眞實。

跟勒龐一樣，李普曼同樣表達了對群體心理的極度不信任，他寫道：「在所有錯綜複雜的問題上，都訴諸公眾的做法，其實很多情況下都是想借助並無機會知情的大多數介入，來逃避那些知情人的批評。」進而，他提出了民主的重要性：「只有當社會狀況達到了可以辨認、可以檢測的程度時，眞相和新聞才會重疊。」

相比作爲精英知識份子的李普曼，寫出了《狂熱份子》的賀佛爾則要草根得多，但他對群體心理的洞察毫不遜色。

賀佛爾七歲失明，十五歲復明，父母早逝，靠自學成就學問，他終身職業是碼頭搬運工。也正是在碼頭、廣場和廉價酒吧，在汗臭、空酒瓶和貧瘠無聊中，他發現了群眾運動的祕密。

賀佛爾認爲，群眾運動最強大的吸引力之一，是它可以成爲個人希望的替代品。一個人越是沒有值得自誇之處，就越容易誇耀自己的國家、宗教或他所參與的神聖事業。

賀佛爾提出了一個群眾運動領袖的養成公式：

領袖＝理論家＋鼓動者＋行動人

「能爲一個群眾運動做好鋪路工作的，是那些善於使用語言和文字的人，但一個群眾運動要實際誕生出來和茁壯成長，卻必須借助狂熱者的氣質與才幹，而最後可以讓一個群眾運動獲得鞏固的，大半是靠務實的行動人。」若一個人的身上同時具備了這三種能力，那麼，他一定是一位天才的群眾領袖。

賀佛爾的這個公式，普適於古往今來的政治和商業世界，你可以把你知道名字的「偉大的群眾領袖」寫在一張紙上，看看能不能對號入座。

## 群衆改變歷史的時代

勒龐的《烏合之眾》寫成於一八九五年，賀佛爾的《狂熱份子》則是一九五一年出版的，這半個多世紀正是科技再造傳播的時代，也是群眾運動改變歷史的時代。

勒龐的書出版後，迅速引起各國政治人士的關注，美國總統西奧多•羅斯福（Theodore Roosevelt Jr.）認眞閱讀了《烏合之眾》，堅持要與作者見一面。有人感慨，「我們譴責勒龐，但卻翻遍了、讀爛了他的著作」。甚至有不少學者論證說，墨索里尼（Mussolini）、希特勒及蘇聯的早期革命家們都是勒龐的信徒，他們把勒龐的理論熟記於心，並忠實地付諸行動。

到賀佛爾的《狂熱份子》出現的時候，文明世界已經對群眾運動的某些機制具備了一定的免疫力。

不過，令人悲哀的是，勒龐、李普曼和賀佛爾所揭示出的群體心理的衝動與晦暗，是人性固有的組成部分，它們即便被發掘、被警示、被防範，但是，仍然會在某種條件下，不可阻擋地大面積發作❶。

❶ 勒龐和李普曼分別開創了大眾心理學和傳播學，在此基礎上，出現了一些交叉性學科，比如行爲經濟學、行爲金融學、實驗經濟學等。他們的觀察被廣泛驗證於股票、期貨等資本市場，甚至在網路經濟中，仍能時常捕捉到其對群體心理的誘導與操控。

## 閱讀推薦

關於群眾運動的研究與反思，是二戰後思想界一個很有現實性，又時常引發爭議的啓蒙性課題，推薦：

- 《暴力與文明：喧囂時代的獨特聲音》／漢娜・鄂蘭　等著
- 《原始的叛亂：十九至二十世紀社會運動的古樸形式》（*Primitive rebels: studies in archaic forms of social movement in the 19th and 20th centuries*）／艾瑞克・霍布斯邦（Eric John Ernest Hobsbawm）　著
- 《身份與暴力：命運的幻象》（*Identity & Violence*）／阿馬蒂亞・沈恩　著

第二部

# 成長的策略與祕密

在二十世紀初至今的一百多年裡，
前七十年，是經濟學家的黃金期……
而之後的半個世紀，則是管理學家的樂園了，
隨著商業環境的成熟和公司規模的膨脹，
組織的治理和績效提升成為最核心的商業命題。

# 11 第一本賣過千萬冊的商業書

## ——《追求卓越》

顧客是重要的創新來源。

有創意的企業不僅特別擅長製造可批量生產或提供的新產品或服務，還能更加靈敏地持續應對任何環境變化。

——湯姆・畢德士

在商業世界裡，經濟學家和管理學家是兩種截然不同的動物。一個是冷血型的，為了增長或復甦的目標，可以見佛殺佛，見鬼殺鬼；一個是熱血型的，承認人和組織的多樣性，注重激勵、公平和效率。

在平日裡，經濟學家和管理學家們基本上互不相干，每次見面都會友好地交換一次名片。往往，在經濟繁榮的時候，管理學家吃香的喝辣的；經濟動盪的時候，經濟學家槓上開花。

在陣營內部，經濟學家彼此傾軋爭鬥得很厲害，因為大家用的是同一套模型和公式，面對的是同一個客戶——政府。而管理學家之間則要風平浪靜得多，大家的戲法各有千秋，無從比較，而客戶更是多如牛毛，層次需求千差萬別。

在二十世紀初至今的一百二十年裡，前七十年，是經濟學家的黃金期，農耕牧歌被機器大砲擾亂，天下時分時合，宏觀經濟理論層出不窮，學派林立，各顯其能。而之後的半個世紀，則是管理學家的樂園了，隨著商業環境的成熟和公司規模的膨脹，組織的治理和績效提升成爲最核心的商業命題。

到今天，值得向大家推薦的管理類書籍，全數都誕生在二十世紀七〇年代之後。

二〇〇二年九月，《富比士》（*Forbes*）雜誌評選出「二十世紀最具影響力的二十本商業圖書」，而排名第一的，就是一本研究企業如何成功的超級暢銷書——《追求卓越》（*In Search of Excellence*），它開創了管理學界的一個「卓越時代」。

## 管理思想上的大激盪

《追求卓越》出版於一九八二年，對於美國，那是一個令人百感交集的轉折年代。經歷戰後近四十年的發展，美國經濟步入溫和增長期，國民的物質需求從滿足供給向滿足優質化轉型，製造業面臨產能過剩和成本過高的雙重挑戰。與此同時，日本經濟崛起，一九七九年，傅高義（Ezra Feivel Vogel）出版《日本第一》（*Japan as Number One*），一九八〇年，日本取代美國成爲世界頭號汽車生產國。

對於一直秉承擴張戰略的美國公司而言，前途遼闊而陌生，亟須一次管理思想上的大激盪，這時候，湯姆・畢德士（Tom Peters, 1942-）如蝙蝠俠般出現了。

湯姆・畢德士寫《追求卓越》時年值四十，他在康乃爾大學讀的是土木工程學，在越南服過役，在白宮當過防止藥物濫用問題的高級顧問，後來在史丹佛大學獲得了工商管理學碩士學位和組織行爲學博士學位，畢業後入職麥肯錫管理顧問公司。

關於公司研究，一般而言有三種方式，一是案例法，二是歸納法，三是樣本法。畢德士用的是樣本法。他和另外一位作者羅伯特・華特曼（Robert Waterman）一起，從數千家上市公司中篩選出七十五家傑出模範企業，在近一年時間裡，對其中的約半數公司進行了實地的調查採訪。然後，以獲利能力和成長速度爲準則，挑出四十三家樣本公司，其中包括很多耳熟能詳的大公司，如沃爾瑪、麥當勞、迪士尼、嬌生等，從中總結出八項「卓越特質」。

## 傑出企業的八項卓越特質

這八項特質，分述如下：

### 一、採取行動

面對重大挑戰，大多數傑出公司並不是編制報告來進行龐大的理論論證，而是立即成立專項小組，快速反應。組織的流動性對於傑出公司來說非常重要。小單位是看得到的行動力量，也是傑出公司的基本組織單元。

### 二、接近顧客

傑出公司受顧客影響的程度，遠高於技術或成本所造成的影響。幾乎每家公司的全體員工都能共同遵守力行服務的宗旨。許多公司不論是從事機械製造業、高科技業或食品業，都以

「服務業」自居。優異的品質和服務是追求完美的基礎，也是一個公司能團結起來的信念。

**三、自主創新精神**

傑出公司能創造出令人羨慕的成長紀錄、創新產品的紀錄以及利潤，其中最重要的因素是它們既具有大企業風範，同時也能發揮小企業的作風。另一個重要因素是，它們能夠充分授權公司上下各層，提倡企業制度。在創新過程中，有三個主要的角色：產品創新勇士、創新勇士主管、「教父」。創新的公司一般都會採取分散式的組織機構，鼓勵公司內部的激烈競爭，實行頻繁的資訊交流，對失敗能用容忍的態度對待，對成功的創新實行獎勵制度。創新成功的機會是一種數字賭博。

**四、以人為本**

以對待朋友的方法對待員工，視他們爲合夥人，尊重他們，給予他們尊嚴，視他們爲提高生產力的主要來源。爲員工定出合理且清晰的目標，給他們實際的自主權，讓他們全心全意地投入工作。同時，在公司內部要形成共同的話語體系和清晰的企業文化。

**五、親身實踐，價值驅動**

極力鼓勵公司員工，讓價值體系深入組織的基層。傑出企業都是在兩個相互矛盾的目標中選擇其一作爲公司的價值觀，如賺錢與服務，經營與創新，注重形式與不拘一格，強調控制與強調人的因素等。

公司的基本價值觀主要有：追求美好；完成工作的細節過程很重要，應盡心竭力把工作做好；團體和個人一樣重要；優良的品質和服務；組織中大部分成員必須是創新者，而且必須支持大膽試錯；不拘泥形式很重要，這樣可以增加溝通機會；確認經濟成長和利潤的重要性。

### 六、堅持本業

畢德士和華特曼發現，在管理的過程中，許多收買合併的公司常常遭遇失敗。最成功的往往是以單一技術發展多樣化產品的公司。雖然有些公司藉著發展多樣化的產品或行業，可以穩定公司的經營狀況，但是隨意追求多樣化，卻會得不償失。擴充後，與核心技術結合得越緊密的公司表現得越好。

### 七、組織單純，人事精簡

實行簡潔的結構可以讓責任更加明確，避免因組織結構複雜導致公司癱瘓。人員的精簡隨公司組織的單純而來。作者提出未來五種組織形態，包括功能性組織、矩陣組織、任務團等。

### 八、寬嚴並濟

它是對上述原則的總結，本質上反映了公司的中心方向與個人自主的和諧相容。管理組織運用這個原則，有嚴格的管控機制，同時也允許成員自治和創新。

## 商業中所有事情都是悖論

畢德士和華特曼所總結出來的八大特質，具有相當的普適性。其中，對人的自主性和企業文化的強調，明顯借鑑了日本公司的很多做法，而對創新和快速反應的宣導則符合競爭激烈的當前現實。

《追求卓越》出版後，迅速引發熱潮，管理學大師彼得•杜拉克在第一時間給予了積極的評價，他認爲：「《追求卓越》的價值，是不可測量的。它的名聲和成功已遠遠超過對其意義的客觀評價。我們能確定的就是它推動了管理書籍的大量出現，而且，在商業世界中，肯定了顧客服務在形成差異和建立競爭優勢的過程中所起的核心作用。」

它的熱銷，還跟畢德士的「崇尚行動」有關。圖書出版後，精力旺盛的畢德士在北美一百個城市展開了路演式（Roadshow）的演講。每到一地，就引發當地媒體的熱烈報導。也是從他開始，改變了管理學著作的小眾化特徵，管理學家們開始像明星推廣電影或唱片一樣，行銷自己的作品，與此同時，他們也成了所謂的「大眾明星」。

《追求卓越》在短短三年裡暢銷六百萬冊，這是史無前例的紀錄。它也是第一本發行量超過一千萬冊的商業類書籍。

不過，盛名之下，也是爭議不斷。很多學者認爲，畢德士用膚淺的方式達到了迎合大眾口味的目的，他所提出的八大特質都過於空洞。甚至他選擇樣本企業的方法，也缺乏嚴謹的科學性。從今日的眼光來看，畢德士把注意力集中於組織創新，而沒有洞見全球化市場布局、技術突變和網路對大型公司帶來的革命性衝擊，這一部分工作將由艾文•托佛勒（Alvin Toffler）、凱文•凱利（Kevin Kelly）等人來完成。

更讓畢德士尷尬的，是接下來發生的事。

此書出版的十年後，即一九九二年，人們發現書中所選的四十三家傑出企業中，居然有十幾家發生了財務危機。而到二十年後的二〇〇二年，其中大部分的公司業績低於市場平均水準。再到二〇一二年，多數公司陷入增長停滯，個別幾家已倒閉或破產重組。

湯姆・畢德士錯了嗎？有人發出了這樣的疑問。

對此，畢德士也曾在這本書出版二十週年之際寫的長文中，給出過自己的回答，它看上去像是勉強的辯解，卻也符合商業殘酷性的根本法則：「我們忘了貼一個警告標籤。注意！沒有永恆的東西。任何東西吃得太多都會有毒。請記住：商業中所有事情都是悖論。爲達到追求，必須持之以恆。而當你持之以恆時，你就容易受到攻擊。你看，這就是悖論。面對它吧！」

畢德士最後說：「卓越只是一種過於靜態的觀念，而世界實在變化太快了。」❷

**閱讀推薦**

對成功的追求及仿效，是創業者最樂意學習的功課，如果你要看一下硬幣的另一面，推薦：

・《大敗局Ⅰ》、《大敗局Ⅱ》／吳曉波　著

❷原文《湯姆・畢德士的眞實懺悔》發表在著名經濟雜誌《快公司》（*Fast Company*）二〇〇一年十二月號，第七十八到九十二頁。

# 12 偉大的創業者都是「造鐘」人

## ——《基業長青》

無論最終結局有多麼激動人心，從優秀到卓越的轉變從來都不是一蹴而就的。在這一過程中，根本沒有單一明確的行動、宏偉的計畫、一勞永逸的創新，也絕對不存在僥倖的突破和從天而降的奇蹟。

——詹姆・柯林斯

二〇〇四年秋天，詹姆・柯林斯（Jim collins, 1955-）受邀去西點軍校講課，他問來聽課的是哪些人。

他得到的回答是：十二位陸軍將軍、十二位跨國公司CEO，以及十二位非營利性組織（NGO）的領導者。需要柯林斯講授的課題是：美國。

這是進入二十一世紀後，管理學家們所面臨的新場景：他們的經驗越來越受到跨界人士的歡迎，而他們的知識邊界也在被迫打開。

柯林斯應對的辦法仍然是非常「管理學家」的：「不用搜腸刮肚地給出正確的答案，只需要想辦法提出好的問題。」最終他帶到西點軍校的是這樣一個問題：美國正在延續自己的基業長青，還是陷入了從卓越退化到優秀的危險邊緣？

這個問題其實源自於柯林斯的兩本超級暢銷書：《基業長青：高瞻遠矚企業的永續之道》（以下簡稱《基業長青》），還有《從A到$A^+$》（*Good to Great: Why Some Companies Make the Leap...and Others Don't*）。

詹姆・柯林斯是繼畢德士之後，另外一位知名度極高的大眾管理學明星。在《富比士》雜誌評選的「二十世紀最具影響力的二十本商業圖書」中，《基業長青》排名第二。

## 要造鐘，而非報時

詹姆・柯林斯出生於一九五五年，比畢德士小十三歲；《基業長青》出版於一九九四年，也比《追求卓越》晚了整整十二年。跟畢德士從來沒有在大型企業服務過的經驗不同，柯林斯博士畢業後，曾在默克公司、星巴克和矽谷的惠普工作過。

《基業長青》是柯林斯在史丹佛大學商學院任教期間與同事傑瑞・薄樂斯（Jerry Porras）一起承擔的一項教學科研專案。他們採用的方法仍是樣本式的：從《財星》（*Fortune*）雜誌五百強工業企業和服務類公司兩種排行榜中，選出十八家歷史悠久的基業長青型公司，並將這些公司與它們的一個突出競爭對手進行比照研究。柯林斯和薄樂斯帶領由二十一位研究員參與的研究小組，花費六年時間完成了這個項目。

與畢德士相比，柯林斯更注重領導人的能力培養及傳承，他認爲這對一家公司的長期發展非常重要，他提出要做造鐘師，不要做報時人。

高瞻遠矚公司的創建者多半是造鐘的人，而不是報時的人。他們把心力奉獻於建立組織（建造時鐘），而不是以前瞻的產品觀念衝刺市場……他們沒有滿腦子想著如何修煉高瞻遠矚的領導人必備的特質，而是有如建築師般，專注於建立高瞻遠矚公司的組織特色……他們最偉大的創造物乃是公司本身，以及公司所代表的意義。

爲了「造鐘」，企業就必須實施相容並蓄的融合法，保存核心競爭力和刺激進步。這三點之間有著內在的邏輯聯繫：「造鐘」的原理，即企業制度和文化的設計思想，就是企業的核心理念，企業要使「鐘」持續地自動運轉，就必須堅守自己的核心理念，而爲了適應不斷變化的市場環境，企業必須進行各種創新，不斷進步，這就是「保存核心，刺激進步」。

柯林斯發現，那些由優秀公司變爲卓越公司的佼佼者，並不一定都擁有最新的技術、最擅長管理的CEO。它們最有力的武器是所宣導和堅持的公司文化——一種激勵每個人都按照他們想要的方式去工作的文化。《基業長青》特別強調「自家養成的經理人」。根據柯林斯的統計，十八家偉大的公司在總共長達一千七百年的歷史中，只有四位CEO來自公司外部。

## 第五級領導者

柯林斯在領導者能力評測上，有自己獨到的研究成果。他把領導者分爲以下五級。

第一級：能力出色的人，可以發揮自己的才幹、知識、技能和良好的工作習慣，做出積極的貢獻。

第二級：樂於奉獻的人，爲實現團隊的目標貢獻力量，並與團隊成員通力合作。

第三級：能幹的管理者，合理組織人員和各種資源，高效地朝既定目標努力。

第四級：高效的領導者，指明方向，激勵大家共赴目標。

第五級：卓越領導者，透過個人的謙遜性格和職業意志的複雜結合，保證企業長期、持續健康發展。

柯林斯指出，使企業變得卓越的關鍵因素是，擁有一位第五級領導者。

人們通常以爲，所謂的第五級領導者，一定要具有領袖魅力和卓越非凡的才能，他們入得廠房，上得頭條，風度翩翩，霸氣橫溢。但是，柯林斯卻認，眞正的第五級領導人很可能是那些看上去其貌不揚的不善言辭者。

他舉了一個例子。一九七一年，一位相貌平凡、名叫達爾文•史密斯（Darwin E. Smith）的人，被任命爲金百利克拉克公司（Kimberly-Clark）執行長。這家老牌紙業公司的表現平平，之前二十年間股價落後於整體市場三十六%。史密斯是公司律師，態度溫和，本身也不很確定董事會選擇他當CEO到底是不是正確的。但他當上公司的CEO，一當就是二十年。

那是驚人的二十年。在此期間，史密斯讓金百利克拉克脫胎換骨，成效非凡，將它改造成全球消費性紙類產品的龍頭公司。在他的帶領和管理下，公司擊敗競爭對手史谷脫紙業（Scott Paper）和寶潔（P&G）。同時，金百利克拉克的累積股票報酬率是整體股市的四•一倍，表現優於惠普、3M、可口可樂和通用電氣等久負盛名的公司。

在史密斯身上，呈現出複雜甚至帶點衝突的人格特徵，「謙遜而執著，靦腆而無畏」，平日沉靜如水，卻在關鍵時刻剛猛如虎，勇於決斷，敢於擔責。爲了使公司走向卓越，他有決心做任何事，不管這些決定多麼重大，多麼困難。

在一切都很順利的時候，第五級經理人向窗外看，把功勞歸於自身以外的因素（如果找不到特定的人或事件，他們就把功勞歸於運氣）。同時，如果事情進行得不順利，他們會朝鏡子裡看，承擔責任，而不是埋怨運氣不好。

柯林斯在書中，將達爾文‧史密斯與亞伯拉罕‧林肯（Abraham Lincoln）相比，而在中國讀者讀來，卻會聯想起曾國藩、任正非。他的這種「反英雄主義」觀點，在人文歷史學科並不新奇，但在商業管理界卻讓人耳目一新。

## 從優秀到卓越

二〇〇一年，柯林斯出版《從A到A+》。

他對一九六五年以來進入《財星》雜誌的五百強名單中的每一家公司（共一千四百多家）都進行了研究，結果令人震驚：只有大概十一家公司實現了從優秀業績到卓越業績的跨越，它們在十五年的時間裡，公司的平均累積股票收益約是大盤股指的六‧九倍。

柯林斯得出了一系列打破大眾傳統認知的結論：公司從優秀到卓越，跟所從事的行業是否在潮流之中沒有關係。有很多實現跨越的公司從屬的並非是景氣行業，有的甚至是處境很糟的行業。

卓越並非環境的產物，在很大程度上，它是一種慎重決策的結果。

從公司之外請來被奉若神明的名人做領導，往往對公司從優秀到卓越的跨越過程起消極作用。經理人的薪酬結構跟推動公司經營業績無關。

實現跨越的公司在制定長期戰略上花的時間並不比別的公司更多。革命性的跨越，不一定需要革命性的過程。

合併和收購在推動公司跨越過程中並沒有起到任何作用。

柯林斯的這些觀點，頗有點語不驚人死不休的架勢，當然也不可能放之四海而皆準。不過，他以「不破不立」的姿態，讓人們重新審視持續成長的艱辛與曲折，並突出了人和組織自我革命的重要性。

他的著述風格與他去西點軍校授課的做法如出一轍：提出一個好問題，提供一套思考模式，卻從不給出標準答案。

**閱讀推薦**

柯林斯對第五級領導者的研究，讓商業界對企業家領導特質產生了新的認知角度，值得推薦的相關書籍是哈佛大學商學院教授約瑟夫・巴達拉克的作品，他幾乎與柯林斯同期得出了類似的觀點：

- 《沉靜領導》（*Leading Quietly*）／約瑟夫・巴達拉克（Joseph L. Badaracco, Jr.） 著

# 13 行銷學最後的大師

## ——《行銷管理》

優秀的公司滿足需求，而偉大的企業卻創造市場。

——菲利浦・科特勒

芝加哥大學的米爾頓・傅利曼和麻省理工學院的保羅・薩繆森有很多共同的學生，因爲導師之間的江湖恩仇，學生們常常會左右爲難。只有一個人如魚得水，原因是，他告別了所有的經濟學門派，並且在一個更功利的細分行業，自立爲一代宗師。

這個人就是菲利浦・科特勒（Philip Kotler, 1931-）。

有一次，他很自得地和記者說：「我對經濟學家們並不研究的實質性問題很感興趣，如：公司在廣告上花了多少錢？什麼是銷售力量的合理規模？公司如何明智地定價？我陷入了一種市場的思維形式之中。」

說科特勒是當代行銷學的理論建構大師——甚至是最後的大師，恐怕一點都不言過其實。

## 定義「行銷」的基礎概念

菲利浦・科特勒出生於一九三一年，在芝加哥大學拿到經濟學碩士學位，在麻省理工學院拿到經濟學博士學位，一九六二年到西北大學凱洛格商學院任教，再未離開。因爲他像神一般的存在，凱洛格商學院常常在「北美最佳商學院」的評選中，力壓哈佛商學院排名第一，而市場行銷系則從來是無爭議的全球第一。

科特勒的奠基之作，便是《行銷管理》（*Marketing Management*），它首次出版於一九六七年，到二〇一五年，已更新至第十五版。如果說，各大經濟學院經常在薩繆森、曼昆或史迪格里茲的經濟學原理教材中徘徊選擇的話，那麼，行銷學教授則要省心得多。

一本偉大的教科書需要具備三個特點：清晰而嚴謹的理論架構、精準的概念定義和與時俱進的反覆運算能力，恰巧，科特勒是這三方面的天才。

在科特勒之前，所有的行銷學教材都是在描述行銷所起的作用，而科特勒則把行銷學思想變成了一種分析導向和可接受的學術範式。他第一次把經濟學、行爲科學和數學元素引入了理論中，從而實現了行銷學知識的可證僞與可量化。

科特勒寫作《行銷管理》的二十世紀六〇年代末，正是商品由短缺轉向氾濫的爆發時刻，新的品牌如雨後春筍般層出不窮，行銷人才開始被業界追捧，而新的行銷概念也不斷地被製造出來。科特勒在自己的研究中，率先對一些基礎性概念進行了定義。

他把行銷定義爲：「個人和集體透過創造並同別人交換產品和價值，以獲得其所需之物的一種社會過程。」

他把產品定義爲：「人們爲留意、獲取、使用或消費而提供給市場的，以滿足某種欲望和需要的一切東西。」

他把行銷管理定義爲：「爲了創造與目標群體的交換以滿足顧客及組織目標需要所進行的計畫、執行、概念、價格、促銷、產品分布、服務和想法的過程。」

他還給市場行銷下了一個盡可能簡潔的定義，那就是「有利可圖地滿足需求」。

正是由這些清晰的定義出發，科特勒建構了自己的行銷學理論王國。

## 打開一扇扇行銷之窗

如果僅僅如此，科特勒還夠不上偉大，只能算是一個優秀的「教書匠」。他在行銷學的創造性價值是：在過往的數十年裡，一次次地提出了諸多具有創見的新概念，從而爲大家打開了一扇又一扇的行銷之窗。

科特勒沿著杜拉克提出的趨勢論繼續前進，把企業關注的重點從價格和分銷轉移到滿足顧客需求上。他提出了「顧客交付價值」這一個全新概念。它是總體顧客價值（由產品價值、服務價值、人員價值和形象價值組成）與總體顧客成本（包括貨幣成本、時間成本、精力成本和心理成本組成）之間的差額。

二十世紀七〇年代，他又提出「社會行銷」，把行銷學的應用推廣到除了商業活動之外的所有社會領域。

行銷是一種被消費者心理、新興市場和科技工具共同推動的學科，它的所有理論詮釋時刻遭遇變化所帶來的挑戰。當科特勒寫出《行銷管理》的時候，傑克•屈特（Jack Trout）還沒有發表論文《定位》（*Positioning*），麥可‧波特的競爭理論要十三年後才會出現，而網路對世界的衝擊更是一個遙遠的事件。

科特勒像一個大城市的市長一樣，在日後漫長的歲月裡，需要一次次把這些概念、技術和最新的公司案例接納進自己的理論體系中，讓「城市」的疆域和功能不斷擴張與反覆運算。

## 商業教育四大師之一

如果在商業教育界有「四大師」，他們應該是彼得‧杜拉克、菲利浦‧科特勒、麥可‧波特和彼得‧聖吉（Peter Senge）。

他們分別在管理學、行銷學、策略學和學習型組織這四個方面開天闢地，分河劃江，坐鎮一方。

在「四大師」中，科特勒是與中國最親近的一位。在過去的十年裡，他每年到訪中國四至五次，為多家公司提供行銷諮詢服務。很顯然，這個全球人口最多的大國，為他的行銷思想提供了無窮的靈感和商業服務機會，同時也提出了挑戰。

二〇〇八年，中國爆出三聚氰胺事件，奶粉行業所有善於行銷推廣的明星級企業遭遇滅頂之災。之後，一家中國雜誌就這一事件訪問了科特勒。

科特勒問：「在日本，如果一家公司的總裁遇到丟臉的事情，有時會切腹自殺，羞恥感是他們文化的一部分。羞恥感在中國是個大問題嗎？」

記者答：「不，我們有不同的文化。」

科特勒問：「羞恥感不起作用的話，罪惡感呢？」

記者答：「說不準。罪惡感更多是在西方文化中。」

科特勒說：「那麼面子呢？面子問題在你們的文化中也不明顯嗎？」

記者答：「面子是我們的文化。不過面子問題主要發生在認識的人之間，比如朋友之間和社區之中。」

科特勒說：「明白了。」（他當時的表情估計很複雜。）

在第十五版的《行銷管理》中，科特勒把科技、全球化和社會責任並列爲「全書重點闡述的三大變革力量」。其中，關於社會責任，他寫道：「由於市場行銷的影響會擴展到整個社會，行銷人員必須考慮其活動的道德、環境、法律和社會聯繫。」

不知道科特勒寫到這裡的時候，有沒有想起幾年前關於三聚氰胺事件的那場對話。

### 閱讀推薦

在行銷學界，不乏經典傳世之作，值得推薦的書有：

- 《一個廣告人的自白》（*Confessions of an Advertising Man*）／大衛・奧格威（David Ogilvy）著
- 《IMC整合行銷傳播：創造行銷價值、評估投資報酬的5大關鍵步驟》（*IMC, The Next Generation：Five Steps for Delivering Value and Measuring Financial Returns*）／唐・舒爾茨（Don E. Schultz）、海蒂・舒爾茨（Heidi Schultz）著

# 14 席捲全球的學習型組織熱

## ——《第五項修練》

在一個變化越來越快、越來越複雜的世界裡，只有那些懂得如何激發組織內各個層級人員學習熱情和學習能力的組織，才能傲視群雄。

——彼得‧聖吉

一九八四年，麻省理工學院的彼得‧聖吉（Peer senge, 1947-）教授去福特汽車公司調研，遇到一群剛剛從日本豐田公司考察回來的高管。聖吉問他們有什麼心得。

「我們沒有看到什麼新鮮東西，日本人打敗我們的原因是，他們的勞動力太便宜了。」

這樣的回答讓聖吉十分吃驚。因爲在他看來，豐田的精益管理和零庫存才是日本汽車的制勝之道，但是，爲什麼福特的高管們卻視而不見呢？

一九九〇年，彼得‧聖吉出版了《第五項修練：學習型組織的藝術與實務》（*The Fifth Discipline: The Art and Practice of the Learning Organization*），他在書中提出的第一個問題

便是：爲什麼在許多團體中，每個成員的智商都在一二〇以上，而整體智商卻只有六十二？

他的答案是：「這是因爲，組織的智障妨礙了組織的學習和成長，使組織被一種看不見的巨大力量侵蝕，甚至呑沒了。因此，未來最成功的企業將會是『學習型組織』，對組織而言，唯一持久的優勢，是有能力比你的競爭對手學習得更快。」

《第五項修練》被認爲是美國管理學界繼亨利・福特的流水線革命後，最重要的一次企業管理理論創新。其實，彼得・杜拉克早已經提出了「知識員工」的概念，而聖吉在這一基礎上將組織系統化的能力進行了提煉，並給出了一套可以實際操作的概念性模型和工具。

## 五項技能修練

彼得・聖吉本科的專業是航空及太空工程學，他的理想是當一個太空人。到麻省理工學院的史隆管理學院攻讀社會系統模型的博士學位時，他師從提出系統動力學的佛瑞斯特（Jay Forrester）教授，從而建立了用系統學理論再造企業組織的一套方法論。

聖吉認爲，正是「組織的智障」讓那些取得成功的企業陷入成長的停滯，它們包括局限思考、歸罪於外、缺乏整體思考的主動積極、專注於個別事件、從經驗學習的錯覺及管理團體的迷思等等。因此，破除「組織智障」的出路便是建立學習型組織，進行五個方面的技能修練。

### 第一項修練：自我超越

聖吉把這個概念與管理中常見的要求和技巧聯繫在一起，訓練管理者從創造性角度而不是反應性角度來看待世界。這項修煉牽涉兩個潛藏的運動：不斷看清世界及透過想像力讓事物充滿「創造性張力」。

**第二項修練：改善心智模式**

聖吉提醒管理者注意在組織層次上進行思考，發掘內心世界的圖像、假設、成見等，使之浮上表面，並嚴加審視。

**第三項修練：建立共同願景**

管理者應當整合個人願景，將其轉化為能夠鼓舞組織的共同願景，幫助組織培養成員主動而眞誠地奉獻和投入，而非被動地遵從。

**第四項修練：團隊學習**

這一項修練包括深度會談和討論兩個流程。前者是團體的所有成員攤出心中的假設，以創造性的方式察覺集體的智慧，後者則是縮小範圍，找到共識和問題的解決方案。

**第五項修練：系統思考**

聖吉發明了一種系統原型，它能幫助管理者找出問題的產生方式和系統內置的發展局限。他提出，公司和人類的其他活動一樣，是一個系列性的複雜系統，受到細微且息息相關的行動牽連，因此必須進行系統思考修練。今天我們的世界如此不健康，跟我們沒有能力把它看作整體，有極大的關聯。

系統思考的修練，是建立學習型組織最重要的修練。

## 管理是一門藝術

彼得・聖吉的第五項修練，實質上是一種破壞性思維，他以系統思考的名義，打破了傳統管理學中的中心權威模式。他強調在一個學習型組織中，管理者是研究者和設計者，而不是控制者和監督者。管理者與被管理者的關係，是互動促進和共同提升。

聖吉把組織能力的效率優化，確立在每個人的工作主動性和對共同願景的維護上。在書中，他詳盡描述了史隆管理學院從二十世紀六〇年代就開始實驗的一個「啤酒遊戲」。這是一個以進貨為主題的策略遊戲，其中有製造商、分銷商、批發商和零售商四種角色。在遊戲中，每個角色根據自己對市場的判斷，確定向上游下多少訂單、向下游銷出多少貨物。數以千次的遊戲實驗證明，到遊戲的最後，必定會發生終端崩盤的事實。

聖吉透過「啤酒遊戲」得出的啓迪是：結構會影響系統的總體行為。即使每一個人都針對自己所能獲得的資訊，做出最理智和善意的決策，但是仍然會導致悲劇性的結局。

這個遊戲對科學管理提出了終極意義上的質疑——它再次印證了杜拉克關於「管理不是一門科學，而是藝術」的著名論斷。日後，管理學界所提倡的灰度管理、容錯機制、蜂窩狀組織等，無一不是對此的克服與創新。

聖吉認爲，所有的修練都關係到心靈上的轉換，它們包括：從看部分轉爲看整體；從把人們看作無助的反應者，轉爲把他們看作改變現實的主動參與者；從只對現實做反應，轉爲創造未來。

## 學習型組織熱潮來臨

《第五項修練》出版於一九九〇年，它不僅連續三年蟬聯全美管理類暢銷書籍的榜首，更是引領了隨後十多年的學習型組織熱。與其他管理學家只管「生產思想」不同，聖吉還是其理論最積極的落實者。他提倡，要想教給人們一種新的思維方式，就不要刻意去教，而應當給他們一種工具，透過使用工具培養新的思維模式。

就在圖書出版的同年，聖吉在史隆管理學院成立了「組織學習學會」，招生授課，推廣學習型組織的創建。他還出版了《第五項修練》的實踐版、寓言版，向全球輸出經過他授權認證的培訓課程。

聖吉的理論有很強的普適性，幾乎適用於所有的組織形態。在中國，很多人也許從來沒有聽說過彼得・聖吉，但是恐怕沒有人不知道這些概念：學習型社會、學習型城市、學習型團隊、學習型社區……

**閱讀推薦**

彼得・聖吉開啓了學習型組織的研究門類，追隨類書籍大多品質平平，推薦：

- 《動機，單純的力量》（*Drive: The Surprising Truth About What Motivates Us*）／丹尼爾・品克（Daniel H. Pink）著

# 15 默默無聞的小巨人

## ——《隱形冠軍》

隱形冠軍既不完全奉行「客戶至上」原則，也不一味地追求技術。它們將市場和技術視為兩個同等重要的驅動力。

——赫曼・西蒙

有一年，赫曼・西蒙（Hermann Simon, 1947-）來中國講課，一位企業家站起來提問。這個企業家是做沐浴球的，用二十年做到了世界第一，每年銷售五千萬個沐浴球。然而，這個行業的總量不大，他認為自己已經做到「獨孤求敗」了，每年還有不少的利潤溢出。他的問題是：「我接下來該怎麼辦？」

西蒙的答案是：「繼續認真做你的沐浴球，保持全球第一。」

也是在這個課堂上，另外一位中國企業家分享了自己的經驗，來印證西蒙的觀點。他的企業生產的是服裝拉鍊，在這個非常細分的行業做到了全國第一。二〇一八年，服裝市場不景氣，很多成衣公司大幅降產，但是，他的訂單卻在增長。原因是：成衣公司削減了一半的產能，同時把五家拉鍊供應商減到了一家，他的競爭對手倒掉了，訂單反而集中了。

赫曼・西蒙是德國管理學家，他發明「隱形冠軍」一詞，出版了一本沒有《追求卓越》和《基業長青》那麼暢銷卻非常值得推薦的書——《隱形冠軍》（*Hidden Champions*）。

## 成就德國經濟貿易基石的低調企業

「德國的管理學家們有沒有考慮過，爲什麼聯邦德國的經濟總量不過是美國的四分之一，但是出口額雄踞世界第一？哪些企業對此所做的貢獻最大？」

一九八六年，時任歐洲市場科學研究院院長的赫曼・西蒙在杜塞爾多夫巧遇哈佛商學院教授希奧多・李維特（Theodore Levitt），後者對他提出了這個問題。

西蒙最終發現，眞正支撐德國產業經濟的，不是西門子、賓士之類的巨型企業，而是數以百萬計的中小企業，特別是那些在某一細分行業默默耕耘並且成爲全球行業領袖的中小企業。

它們在利基市場中的地位無可撼動，有的甚至占據了全球九十五％的市場份額；它們的技術創新遙遙領先同行，其人均擁有專利數甚至遠遠超過西門子這樣的世界五百強公司；但是因爲所從事的行業相對生僻，加上專注的策略和低調的風格，它們都隱身於大眾的視野之外。

正是這些企業保持了德國製造業創新的活力，並且在每一次經濟危機中，都表現出強大的抗風險能力。

據此，西蒙創造性地提出「隱形冠軍」的概念。他透過大量資料和事實證明，德國經濟和國際貿易的眞正基石不是那些聲名顯赫的大企業，而正是這些沉默無聞的「隱形冠軍」。

## 隱形冠軍的共同點

西蒙給隱形冠軍下了一個十分簡潔的定義：一、某一個細分市場的絕對領先者，以市場占有率衡量，它們是世界市場的老大或者老二；二、年銷售額不超過十億德國馬克；三、不爲人所知。

這三條中，僅年銷售額一項會隨著國家和市場的不同稍有波動——到二〇一八年，西蒙把這個指標提高到了二十億歐元，其餘兩項則十分剛性化，也容易識別。

以西蒙的標準，在德國的三百七十萬家企業中，符合隱形冠軍特質的企業達一千四百家，接近全球總數的一半。透過對它們的實地研究，西蒙得出了七條成長共性。

### 一、燃燒的雄心

隱形冠軍公司一般都有非常明確的目標，如：「我們的目標是做全球的老大，而且要永遠霸占這個位置」、「我們要在這個領域成爲全世界最優秀的一員，不僅要占據最高的市場份額，而且要在技術和服務方面做到最出色」、「市場的遊戲規則要由我們說了算」等。

### 二、專注到偏執

在一個目標市場上長期堅持。隱形冠軍公司典型的說法是：「我們是這個行業的專家」、「我們專注於自己的競爭力，專注再專注」、「我們要成爲小市場的主宰者，我們要在小市場做出大成績，而不是在大市場做『鳳尾』」。

## 三、自己抓緊客戶

在市場擴張中，隱形冠軍把自己的產品和專有技術造詣與全球化的行銷結合在一起，透過自己的子公司來服務全球的目標市場，不把客戶關係交給協力廠商。

## 四、貼近卓越客戶

隱形冠軍都非常貼近它的最重要客戶。它們之所以成爲全球市場的領導者，是因爲它們的客戶也是全球頂級的。讓一些庸庸碌碌、只需要便宜低質商品的企業成爲你的客戶，你的企業永遠成不了氣候。

## 五、「非技術」創新

產品創新的同時，隱形冠軍還注重流程和服務的創新。有家做螺絲的伍爾特公司，全世界螺絲銷售額最高，它有個很小的發明：在建築業需要用到大量的螺絲和螺絲刀，但是要找到規格正好相同的卻很費時。這家公司所做的創新，就是在同等規格的螺絲和螺絲刀上貼個同樣顏色的小標籤。

這些完全不是高科技的東西，對顧客來說卻意義深遠。創新不是「一招鮮，吃遍天」，而是小步反覆運算，持續改進。

## 六、毗鄰最強者

隱形冠軍公司經常位於同一個地區甚至同一個城市當中，同城的競爭實際上是世界級的競爭，最強的對手都在一起，它們亦敵亦友，彼此成就。

## 七、事必躬親

隱形冠軍們認爲，卓越的品質，要求它們在產品加工製造方面有特殊的造詣、特殊的深度，所以，它們基本上所有的事都親力親爲。

## 中小企業策略發展最佳參考

《隱形冠軍》一書中的所有案例均來自德國，然而，此書出版後，卻在中國獲得了很多支持擁護者。

二〇一〇年，中國成爲全球第一製造業大國，每年生產全球近六〇%的消費品。在製造業大軍中，中小企業的比例最高。西蒙在書中所描述的規律，對中國中小企業的策略擬定和成長模式都有很強的借鑑性。

在西蒙的樣本企業中，德國隱形冠軍占有市場領導地位的時間平均達二十二年之久，它們的「良性」市場占有率，不是透過血腥的價格戰，而是以卓越的性能、品質創新和優良的服務來獲得的。

在管理學上，隱形冠軍是對專一化策略的極致性陳述。對這一策略的堅持，便意味著對其他擴張性道路的徹底放棄。

在赫曼•西蒙看來，培養一家隱形冠軍企業，需要十年以上的時間，並需經受更長時間的檢驗。對於所有立志於此的創業者，這本《隱形冠軍》都値得閱讀。

**閱讀推薦**

有些公司雖小，卻擁有偉大的靈魂。關於如何經營一家小而美的企業，推薦：

- 《小，是我故意的：不擴張也成功的14個故事，8種基因》（*Small Giants: Companies That Choose to Be Great Instead of Big*）／鮑・柏林罕（Bo Burlingham）著

# 16 對行銷影響最大的觀念

## ——《定位》

定位的基本方法不是創造新的、不同的東西，而是操縱已有的認知，重新建立已經存在的連接。

——傑克・屈特

所有在中國做行銷的人，都知道定位。這應該是過去二十年提及率最高的行銷學名詞。定位，簡而言之就是：一個商品是什麼不重要，重要的是，它在消費者的認知中是什麼。這個觀念頗有點東方禪意——「百千名相，無非一心」。

傑克・屈特（Jack Trout, 1935-2017）在一九六九年提出這個概念的時候，中國還是一個短缺型經濟的社會，從糧食、自行車到衣服，都需要憑票才能購買，如果那個時候將他的圖書引入中國，估計賣不出十本。

而到了一九九一年，中國陡然進入過剩經濟時期，所有的商品都開始焦急地尋找消費者，《定位》的適時引入，形成了一場現象級的行銷新運動。

## 走出行銷範疇，成爲競爭的決定性手段

定位理論曾被美國行銷學會評選爲「有史以來對美國行銷影響最大的觀念」。事實上，它的提出、試驗及風行的過程，是整個美國管理學界共同推動的過程。

一九六九年，傑克・屈特，一家位於康乃狄克州的廣告行銷公司合夥人，首次提出「定位」的概念，他宣告，在經過了產品時代、形象時代之後，廣告業進入了「策略爲王」的定位時代，若要在這個傳播氾濫的社會裡取得成功，企業必須在消費者心智中創造一個「定位」。這個「定位」不僅僅要權衡自己的強項和弱點，同時要考慮競爭對手的優劣勢。

一九七〇年，《行銷管理》的作者、行銷學理論開創者菲利浦・科特勒最先將定位引入行銷之中，作爲四P❸之前最重要的另一個P（position），以引導企業行銷活動的方向。

一九七一年，《一個廣告人的自白》作者、北美最著名的廣告大師大衛・奧格威列出了創造「有銷售力廣告」的三十八種方法。排在首位的，也是他所認爲最重要的是「廣告的效果更多地取決於對產品的定位，而不是怎樣去寫廣告」。

一九八〇年，策略學家麥可・波特又將定位引入企業策略的思考體系中，視之爲市場競爭策略的核心之一。

正是在諸多重量級學者的助推下，定位理論走出廣告業，成爲所有公司乃至一個國家，在競爭中奪取消費者心智的一個決定性手段。一九八一年，傑克・屈特與艾爾・賴茲（Al Ries）合著出版《定位》一書，對定位進行系統性的闡釋，這一理論隨即定型，廣爲人知。

## 定位的思維

定位理論的核心是「一個中心兩個基本點」：以「打造品牌」爲中心，以「競爭導向」和「消費者心智」爲基本點。

定位的起點是產品，它可能是一件商品、一項服務、一個機構甚至是一個人。但是，定位不是你對產品要做的事，而是你對預期目標受眾要做的事。換句話說，你要讓目標受眾在頭腦裡自動給產品定位，確保產品在他們頭腦裡占據一個眞正有價值的地位。

在定位理論提出之前，傳統的行銷理論認爲，品牌的要點是「銷售者向購買者長期提供的一組特定的特點、利益和服務」。這是一個自內而外的品牌概念，屈特的建議是反向行之——銷售者先在購買者的心智中占據一個獨一無二的認知，然後把與之相符的產品提供給他們。這將是一個由外而內的過程。

屈特和賴茲總結了消費者的五大心智模式：消費者只能接收有限的資訊；消費者喜歡簡單，討厭複雜；消費者缺乏安全感；消費者對品牌的印象不會輕易改變；消費者的注意力容易失去焦點。找到定位的基本方法就是針對這些心智模式，透過聚焦、對立和分化的方式，進行突破和占領。

定位的理論並不深奧，在更多的意義上，它是一種思維方式。

比如，很多新興品牌最苦惱的是，市場上已經出現了強大的領導者品牌，屈特給出的建議

❸ 四P指的是產品（product）、價格（price）、管道（place）、促銷（promotion）這四大行銷組合策略。

就非常「簡單粗暴」：去做它的對立面。

引用他的舉例來說，漱口水大都氣味不好，像藥一樣，Scope選擇做對立面，它說自己是好聞的漱口水。塔吉特（Target）的對立面是沃爾瑪，它的定位是便宜時尚；百事可樂是可口可樂的對立面；貝茲娃娃是芭比娃娃的對立面；百度是谷歌的對立面。

屈特已經於二〇一七年去世了，在過去的三十多年裡，他親手打造了很多十分經典的定位案例。二十世紀八〇年代，全球的汽水飲料市場已經被可口可樂和百事可樂瓜分，幾乎所有的人都認爲沒有任何的市場縫隙。屈特爲一家公司的一款橙汁汽水品牌七喜做行銷諮詢，他把七喜汽水重新定位爲「不含咖啡因的非可樂」。這一策略取得了出人意料的成功，七喜汽水一躍成爲僅次於兩大可樂品牌之後的美國飲料業第三品牌。以至於百事可樂在拓展海外市場的時候，放棄了自主研發，轉而購買了七喜公司的品牌使用權。

美國西南航空是一家不起眼的美國國內廉價航空公司，屈特對它進行了定位諮詢。全球航空業推行的票艙策略都是多級艙位和多重定價，西南航空冒險推出了「單一艙級」的航空品牌，並圍繞著這一定位重新設計了服務和價格體系，很快，這家小航空公司從一大堆競爭者中脫穎而出，一九九七年起連續五年被《財星》雜誌評爲「美國最值得尊敬的公司」。

在西班牙，屈特爲當地的一家新成立的西班牙國家石油公司（Repsol S.A.）制定了三重定位的多品牌戰略，推出以汽車、服務、價格爲區隔方向的品牌，有效地防禦了殼牌、美孚、英國石油（BP）等國際巨頭的進入。西班牙國家石油公司在西班牙占有一半的石油市場，成爲西班牙最大的石油商。

這樣的案例數不勝數。定位理論之所以傳播廣泛，正在於它不僅僅是一個新的觀念，同時也是可以被具體執行的方法論。

## 全球化的布局

在管理學界，每一個學者的商業化其實也是一種定位，麥可・波特等同於策略，湯姆・畢德士等同於卓越，彼得・聖吉等同於「第五項修練」，而屈特和賴茲等同於定位。他們用一個新創的概念搶占了企業家的心智，然後以一套標準化的、嫻熟的服務流程完成交付。

這些學者都成立了以自己的名字命名的公司，甚至透過授權的方式完成了各自的全球化布局。《定位》就是被屈特的幾個中國信徒引入的，他們在第一時間就成立了屈特中國公司。在過去二十年，他們應該是盈利能力最強的行銷策略公司。到今天，很多航空雜誌上仍然能看到這家公司的全頁廣告，用粗大的黑體字和品牌案例，宣傳一個又一個成功的定位「傳奇」。

**閱讀推薦**

在這裡推薦幾本與廣告傳播和設計有關的書籍：

- 《不敗行銷：大師傳授22個不可違反的市場法則》（*The 22 Immutable Laws of Marketing: Violate Them at Your Own Risk*）／艾爾・賴茲、傑克・屈特　著
- 《設計中的設計》（デザインのデザイン）／原研哉　著
- 《知的資本論》（知的資本論 すべての企業がデザイナー集団になる未来）／增田宗昭　著

# 17 管理越好的公司，越容易失敗

——《創新的兩難》

在單純追求利潤和增長率的過程中，一些優秀企業的優秀管理者因為使用了最佳管理技巧而導致了企業的失敗。

——克雷頓・克里斯汀生

在二十世紀九〇年代之前，很少有人研究「失敗」，在絕大多數商學院的案例庫裡都找不到一篇關於失敗公司的論文。

最早提出警示的是策略學家普拉哈（C. K. Prahalad）和蓋瑞・哈默爾（Gary Hamel），他們在一九九〇年出版的《企業核心競爭力》（*The Core Competence of the Corporation*）一書中認爲，隨著競爭的日益激烈和技術反覆運算的加快，創新的週期正在快速地收窄，這對大型公司構成了前所未有的挑戰。

一九九七年，哈佛大學商學院教授克雷頓・克里斯汀生（Clayton Christensen, 1952-2020）出版《創新的兩難》（*The Innovator's Dilemma*），第一次系統地研究「大公司爲什麼會失敗」。他提出「破壞性創新」這個新概念，並得出了一個有點驚悚的結論：越是管理卓越的公司，在「破壞性創新」到來的時刻，就越難以擺脫困境。

這個近乎宿命的結論，啓迪了很多人，包括不可一世的史帝夫・賈伯斯（Steve Jobs）。後來發生的事實正是，一些巨無霸型的大公司正是被一家又一家不起眼的小公司擊敗，這一景象幾乎出現在所有的行業，從百貨、金融、電腦硬體到網路。

## 小公司的創業者，常是大公司的失意者

克里斯汀生創作此書的二十世紀九〇年代中期，正是電腦行業從大型機向桌上型電腦轉型的關鍵時刻。他驚奇地發現：沒有任何一家主要生產大型電腦的製造商，成功地轉變為在微型電腦市場具有舉足輕重地位的生產商。

那麼，是這些公司的管理不善嗎？答案恰恰相反。這些公司是全世界管理效率最高的公司，而且無一例外地擁有傑出的領導者，到一九八二年，它們還出現在湯姆・畢德士的卓越樣本企業名單上。

克里斯汀生的研究結果是：良好的管理正是導致領先企業馬失前蹄的主因。

準確地說，因為這些企業傾聽了客戶的意見，積極投資了新技術的研發，以期向客戶提供更多更好的產品；因為它們認真研究了市場趨勢，並將投資資本系統性地分配給了能夠帶來最佳收益率的創新領域，最終，它們都喪失了其市場領先地位。

一個更悲劇的事情是，那些顛覆性的技術居然有很多來自大公司的實驗室，而小公司的創業者正是從大公司被排異出去的「失意者」。

希捷科技（Seagate）是全球最大的硬碟、磁片製造商，在向小型化轉型的過程中，它的工程師率先研製出了三吋硬碟，領先於同業兩年，但這位工程師在公司內一直得不到重視，只好自立門戶，創建了康諾（Conner Peripherals）公司，成爲希捷最強有力的競爭者。

這樣的案例比比皆是。第一個研發出數位相機技術的是底片公司柯達，第一個研發出手機觸控螢幕功能的是諾基亞，可是它們都不是這些技術的勇敢使用者，它們的前途也因此被埋葬。諾基亞的最後一任總裁在公司被收購時，頗爲無奈地說：「我們什麼也沒有做錯，但是我們還是失敗了。」

## 尚不存在的市場無法分析

在《創新的兩難》中，克里斯汀生系統性地研究了這一現象發生的原因。他有三個發現。

**發現一**：延續性技術與破壞性技術之間存在重大策略差異。

破壞性技術是一種革命性的技術創新，其技術產品是從未有過的、完全新興的事物。而對於大公司而言，這一技術在一開始往往針對的是一個無法檢測的新興小市場，它不能滿足大企業的增長需求和強大的製造能力，這對大公司的決策構成了致命的挑戰。

**發現二**：技術進步的步伐可能會而且經常會超出市場的實際需求，這就導致以市場需求爲主導的科技創新型企業可能會錯失潛在的新技術市場。

與一般的觀察不同，克里斯汀生發現，在誕生初期，破壞性技術產品的性能要低於主流市場的成熟產品，但由於其某些新特性，這種產品會受到非主流消費者的喜愛，終而徹底改變了市場的價值主張。

**發現三：**擁有一整套管理模式的成熟企業為了融資，更在乎公司的資本結構和資本回報率是否能吸引投資者，上市企業尤其如此。

克里斯汀生認爲，成熟市場與大公司資金對破壞性技術有天然的排斥心理。即便管理者擁有一個大膽的設想，希望帶領他們的企業朝著一個完全不同的方向展開冒險，但是，績效主義者和嚴格高效的流程管理，將在企業內部阻擾這種改變的發生。

《創新的兩難》一書，其實提出了一個十分叛逆的結論，那就是：成熟了近半個世紀的公司治理理論，已經無法適應快速變化的世界，越是大型的成功企業，越容易在未來的競爭中成爲無法改變自己命運的「恐龍」。

這一結局，甚至與它既有的能力、資本乃至領導者的勤勉無關。在書中，克里斯汀生沒有給出一個標準的解決方案——或者說，這個「錦囊」根本就不存在。他的根本性建議是，大公司決策層應該放棄對高效管理制度的迷信，將組織創新能力極度下沉，把開發破壞性技術的職責賦予存在客戶需求的機構。尚不存在的市場是無法分析的，因此，管理者應為破壞性技術變革採取的策略和計畫應該是有關學習和發現的計畫，而不是事關執行的計畫。

## 激勵了無數創業者的理論

克里斯汀生的這本書，在剛剛出版的時候，並沒有引起轟動性的效應。因爲，變化才剛剛開始。到二〇〇〇年，美國網路泡沫破滅，接下來的十年，技術和商業模式發生了令人眼花繚亂的突變，無數教科書上的卓越公司陷入泥潭，他的觀察才漸漸發出金子般的光芒。

對克里斯汀生的理論最爲關注的，是那些即將發動顚覆行動的挑戰者們，其中就包括蘋果公司的賈伯斯。在他的官方傳記裡，作者列舉了七本影響了賈伯斯的書，其中，除了莎士比亞、柏拉圖和幾本與禪修有關的書外，唯一的一本商業書，就是《創新的兩難》。

二〇〇七年，索尼公司前常務董事土井利忠（筆名「天外伺朗」）發表〈績效主義毀了索尼〉一文，引發激烈的爭論。他的觀點便大多來自《創新的兩難》，他認爲正是優異的日本式管理最後無解地讓索尼公司走向衰老。

克里斯汀生的這部書被《富比士》評爲「二十世紀最具影響力的二十本商業圖書」之一，二〇一一年，他本人則在《哈佛商業評論》的「當代五十名最具影響力的商業思想家」評選中排名第一。《創新的兩難》在出版後的二十多年裡激勵了無數的創業者，也讓那些大公司治理者坐立不安。比爾・蓋茲曾半開玩笑地說：「自從克里斯汀生提出破壞性理論後，出現在我桌上的每一份提案，都自稱是『破壞性』的。」

**閱讀推薦**

克里斯汀生開創了破壞性創新的全新研究領域，他同系列作品的另外兩本也值得推薦：

- 《創新者的解答》（*The Innovator's Solution*）／克雷頓・克里斯汀生、邁可・雷諾（Michael E. Raynor）著
- 《創新者的DNA》（*The Innovator's DNA*）／克雷頓・克里斯汀生、傑夫・戴爾（Jeff Dyer）、海爾・葛瑞格森（Hal Gregersen）著

# 18 尾巴決定商業的未來

## ——《長尾理論》

商業和文化的未來不在熱門商品，不在傳統需求曲線的頭部，而在於過去被視為「失敗者」的那些商品——也就是需求曲線中那條無窮長的尾巴。

——克里斯・安德森

在矽谷，光頭的克里斯・安德森（Chris Anderson, 1961-）有兩個身份，他是一位超級暢銷書作家，同時是燒掉一億美元的失敗者。這也沒有什麼，因爲在矽谷，成敗不是價值觀，是否敢於成爲另外一個自己才是。

安德森當了九年《連線》（*Wired*）雜誌的總編輯。這本雜誌是網路技術革命的發現和傳播者，它在歷史上出了兩個非常著名的總編，一個是安德森，另外一個是寫出了《釋控：從中央思想到群體思維，看懂科技的生物趨勢》（*Out of Control: The New Biology of Machines, Social Systems, and the Economic World*）的凱文・凱利。

二〇〇四年的一天，安德森去拜訪一個數位音樂網站的CEO，後者問了他一個問題：「收錄在我們網站上的一萬張專輯中，有多少能達到每一季至少被點播一次？」

就是從這個問題出發，安德森顛覆了一條被沿用了一百年的鐵律。

## 網路經濟下的長尾法則

在一八九七年，義大利經濟學家維弗雷多・帕雷托（Vilfredo Pareto）發現了一個經濟規律：在任何一組東西中，最重要的只占其中一小部分，約二〇%，其餘八〇%儘管是多數，卻是次要的，這被稱爲帕雷托法則，或者叫二八定律。

八〇%的東西之所以次要，不是因爲沒有人需要，而是因爲發現或呈現它們的成本實在太高了。

當安德森被問到上述問題的時候，他自然想到了帕雷托法則。「我當然知道這是一個狡猾的問題，經驗告訴我們二八法則，正常的答案應該是二〇%，也就是說，二〇%的產品帶來八〇%的銷量。」

可是，正確的答案居然是九十八%。

跟傳統的唱片行不同，在數位音樂網站上，那些小眾而冷門的歌曲不存在展現和庫存的成本，人們可以輕易地找到它們。

就是從這個令人吃驚的答案出發，安德森開始了一項研究工程，考察了所有網路電商公司的資料，從亞馬遜（Amazon）、iTunes 到網飛（Netflix）。他得到的結論幾乎都驚人地一致：在網路世界裡，任何商品都找得到它的消費者。

在 iTunes 的曲目排行榜上，排名第十萬首的那首曲子，每月的下載量仍能達到千位數。

在亞馬遜網路書店的圖書銷售額中，有四分之一來自排名十萬名以後的書籍。而這些「冷門」書籍的銷售比例正高速成長，預估未來可占整個書市的一半。

由此，安德森發現了網路經濟區別於傳統經濟的一個重大法則：由於關注的成本大大降低，人們有可能以很低的成本關注常態分布曲線的「尾部」，而且，關注「尾部」產生的總體效益甚至會超過「頭部」。

就這樣，在網路環境下，帕雷托法則失靈了，取而代之的是倒二八法則，即所謂的「長尾理論」。

## 網路時代，發揮長尾效益的時代

安德森第一次發表「長尾理論」，是在二〇〇四年十月的《連線》雜誌上，它迅速成了這家雜誌成立以來被引用最多的一篇文章。這一發現啓迪了一代網民。

在那個時候，成立六年的谷歌公司儘管是全球最大的搜尋引擎公司，但是一直沒有找到高效的盈利模式。長尾理論啓發了谷歌當時的首席執行長艾力克•施密特（Eric Schmidt），由此構建出一個針對中小企業主的廣告發布模式。谷歌後來成爲美國最大的廣告公司，而其八成的付費客戶不是傳統意義上的大企業客戶。施密特因此說：「長尾理論以一種意義深遠的方式影響了谷歌的策略思路，這是一本傑出而及時的著作。」

安德森認爲，網路時代是關注長尾、發揮長尾效益的時代。

在二〇〇六年，亞馬遜的交易額剛剛超過一百億美元，淘寶的交易額爲一百六十億元人民幣，天貓還沒有出現，劉強東則了關閉所有線下門店，專注做京東商城，全球電商處在爆發的前夜。安德森的洞察無疑爲日後的電商發展提供了一個新穎的視角。

自帕雷托法則被發現後的一百年裡，企業家們一直在用此法則來界定主流，計算投入和產出的效率，它成爲商業營運的一條鐵律。商家主要關注在二〇％的商品上創造八〇％收益的客戶群，往往會忽略了那些在八〇％的商品上創造二〇％收益的客戶群。用安德森的話說：「我們一直在忍受大眾流行文化的專制……我們所認定的流行品位實際上只是供需失衡的產物。」可是，網路經濟的特殊屬性，讓人們看到了長尾的價值。同時，這一理論也推導出了一種新的網路經營模式。

網路平臺如果能夠極大地增加商品的品類，同時，以「燒錢」的方式獲取足夠多的客戶，那麼，就可能最高效地發揮長尾效應，從而實現「贏家通吃」。

這一邏輯徹底改變了商品銷售的成本計算方式和平臺型企業的價值模型，爲日後的亞馬遜模式、淘寶模式提供了理論上的支援。

對於製造業者，長尾理論的啓迪是：即便不能擠入二〇％的頭部暢銷行列，只要能夠生產出符合少數人口味的獨特商品，仍然可以透過網路的長尾輻射，找到自己的客戶群體。在《長尾理論：打破80／20法則，獲利無限延伸》（*The Long Tail: Why the Future of Business is Selling Less of More*）一書中，安德森預言了生產柔性化出現的前景：我們已經擺脫了貨架和頻道的容量限制，擺脫了它們的統一化模式，沒多久，我們也會擺脫大規模生產的容量限制。

## 長尾理論的九個法則

在《長尾理論》一書中，安德森還總結出了九個法則：

一、數位化倉儲是降低庫存成本的最佳辦法。

二、挖掘消費者心理資料，讓他們參與生產。

三、從多個傳播管道挖掘潛在需求，深入長尾的尾部。

四、不要試圖生產一款適合所有人的商品。

五、建立更加靈活的定價策略。

六、在企業與顧客之間建立共用資訊的機制，達到雙贏的效果。

七、結合自身產品的特點，考慮產品之間的「和」與「或」的問題。

八、借助長尾效應，根據市場自身淘汰結果來做出相應的反應，讓市場替你做事。

九、重視免費的力量。

這些法則都指向一種新的商業可能性，同時，安德森對大資料與消費者互動關係的觀察，在日後都被證明是天才的預見。

二〇〇九年，安德森出版了新書《免費！》（*Free*），對長尾理論進行了一次反覆運算。他提出，在網路經濟中，「免費」不再是一種推銷策略，而可能是具有策略意義的存在形態。

安德森總結了四種免費模式，其中之一是「非貨幣市場」：人們提供某些服務或產品，不一定是為了獲得金錢回報，關注度、聲譽、與人分享的快樂等回報，都是人們免費服務他人的動力所在。維基百科和知乎便是這一模式的實踐者。

另外一種模式是「三方市場」，企業把核心業務免費化，從而徹底擊潰所有的競爭對手，然後透過其他的增值服務獲得利潤。二〇〇九年十月，周鴻禕把三六〇防毒軟體免費化，僅僅用六個月，就把保持九年市占率第一的瑞星軟體斬於馬下，便是實施這一戰略的經典案例。

## 創業和書寫需要不一樣的天賦

在出版《免費！》後，克里斯・安德森辭去《連線》總編輯職務，創辦了一家無人機公司。他認定：「就像二十世紀七〇年代個人電腦興起一樣，我們將迎來無人機的高潮。」這個預言像《長尾理論》一樣準確，可是創業與寫書好像需要不一樣的天賦，到二〇一六年，安德森的公司在燒掉一億美元之後宣告裁員擱淺。

擊敗安德森的，是深圳的一群年輕的《連線》雜誌愛好者。二〇〇九年，當安德森在矽谷高調創業的時候，二十九歲的汪滔正在蓮花山下的一間三居室民房裡苦苦掙扎，他創辦的大疆科技在當時的無人機市場正是一條極不起眼的小「長尾」。

**閱讀推薦**

市面上每年都會出現一些自圓其說的商業模式或策略類書籍，大多曇花一現，推薦：

- 《藍海策略》（*Blue Ocean Strategy*）／金偉燦（W. Chan Kim）、芮妮・莫伯尼（Renée Mauborgne）著

# 19 如何找到那個引爆點？

## ——《引爆趨勢》

看看周圍的世界吧，也許它看上去似乎是個雷打不動、無法替代的地方，其實不然。只要你找準位置，輕輕一觸，它就可能傾斜。

——麥爾坎・葛拉威爾

麥爾坎・葛拉威爾（Malcolm Gladwell, 1963-）留著一個蓬鬆的爆炸頭，好像時刻打算去引爆什麼。出生於一九六三年的他常年生活在紐約，是《紐約客》（*The New Yorker*）的專欄作家。二〇〇五年，《時代》（*TIME*）雜誌評選「全球最有影響力的一百人」，葛拉威爾赫然在列，這讓很多人覺得意外。

在那一年的《紐約時報》（*The New York Times*）全美暢銷書排行榜上，精裝本和平裝本的第一名，都是葛拉威爾的書，這是前所未有的事。

其中一本，就是《引爆趨勢》（*The Tipping Point*），而事實上，這本書出版於二〇〇〇年，已經霸占榜單整整三年。

## 引爆點的到來有跡可循

葛拉威爾發明了「引爆點」（Tipping Point）這個新名詞。在書中，他先是講了一個故事。Hush Puppies是一家創辦於一九五八年的休閒鞋公司，在很多年裡，它一直不溫不火，直到一九九五年的秋天，它的一款單價三十美元的拉絨羊皮鞋不知什麼原因，突然在曼哈頓東區和蘇荷區流行了起來，甚至有人開了Hush Puppies的二手小店。兩位時裝設計師把它帶到了紐約時裝週上，在接下來的兩年裡，Hush Puppies的銷量增長了二十多倍。

一九九六年，Hush Puppies贏得美國時裝設計師委員會頒發的最佳配飾獎。公司總裁在發表獲獎感言時，頗有點迷茫地說：「我們並沒有爲贏得這項榮譽做出任何努力——完全是被潮流趕上，而非主動追趕潮流。」

葛拉威爾的問題是：Hush Puppies沒有投放巨額廣告，沒有聘請大明星，也沒有營造轟動性事件，那麼，它爲什麼會趕上這樣的「狗屎運」？

《引爆趨勢》這本書就是從這個故事出發，去探尋一個十分有趣的商業課題：所有潮流都存在一個引爆點，它與觀念、產品、資訊和行爲方式相關，它的到來看似意外，卻有跡可循。

葛拉威爾認爲，巨大的效果都是由一個很小的變化引起的，微小的轉變可以對個體、組織和社區產生重大的影響。一個遵循流行浪潮規則的世界，與我們眼中自己現在生活的世界截然不同。

在書中，他提出了引爆趨勢的三大原則：少數原則、定著因素和環境力量。

## 引爆趨勢三大原則

一種流行浪潮的引發，是由少數人驅動的，但是它未必來自一個中央系統，甚至也不是超級人物，而是一個「角色組合」。葛拉威爾把他們定義爲：連結員、專家和推銷員。

連結員是指那些交際廣泛，一旦傳遞資訊，就有無數人接收到的人。專家是那些對某個領域研究特別透徹的意見領袖。推銷員是樂於傳播的活躍份子。在流行過程中，專家是資料庫，他們爲大家提供資訊，連結員是社會黏合劑，他們四處傳播資訊，推銷員負責說服大家。

這一功能性的「角色組合」一旦運轉起來，它的病毒式傳播力將是驚人的。葛拉威爾算了一個數字：如果一個事物，一個人哪怕只傳播給兩個人，如果這兩個人每人再傳播給兩個人，這樣進行五十次時，傳播人數將是1,125,899,906,842,620。

而定著因素指的是，流行事物本身應該具有讓人過目不忘或者至少給人留下深刻印象的黏著力。

二十世紀六〇年代美國心理學家霍華德・萊文索爾（Howard Levanthal）做了一個關於恐懼的實驗。實驗目的是說服耶魯大學的高年級學生去打破傷風針。該實驗一共分三個組：第一組給實驗對象看關於破傷風疾病危害的宣傳資料，並呼籲他們去校醫務室打疫苗；第二組在第一組宣傳資料的基礎之上配了病人痛苦的圖片；第三組在第二組的基礎上加配了一張校醫務室的地圖。

實驗資料卻大大出乎人們的意料，第二組雖然比第一組更加強烈地感受到了破傷風的可怕之處，但仍然和第一組一樣，只有三%的人去了校醫務室注射疫苗；而第三組僅僅只是加了一個簡單的地圖，就把實際行動的人數占比增加到二十八%之多。這是因爲，人的本能不僅更容易接收那些視覺化的東西，而且更願意去做那些可操作化的行動。

環境力量原則，意思就是發起流行的環境極端重要。在經濟學上有一個「破窗理論」的試驗，如果一條街道上一輛汽車的玻璃被敲破，在一段時間裡沒有修復，那麼，就會有越來越多的汽車玻璃被破壞，直至整條街道破敗不堪。

葛拉威爾在書中舉了一個很生動的例子。

在二十世紀八〇年代的紐約，一年要發生兩千起以上的謀殺案，紐約地鐵更是地獄般的重災區。爲了降低地鐵裡的犯罪率，新上任的地鐵總監不顧所有人的反對，將大部分的地鐵警力都用在了清洗地鐵塗鴉和嚴查逃票現象上。事實上，效果眞的是立竿見影，二十世紀九〇年代末和九〇年代初相比，地鐵上的犯罪事件減少了七十五%。這些不起眼的塗鴉和逃票現象，正是引爆紐約地鐵犯罪流行的那扇「破窗」，也可稱之爲引爆點。

《引爆趨勢》還引用英國人類學家羅賓•鄧巴（Robin Dunbar）的論文，提出「一五〇人法則」。鄧巴在調查了遍布全球範圍的二十一個原始部落之後，有了一個驚人的發現，這些原始部落都有一個幾乎相同的人數規模，那就是一百五十人左右。

葛拉威爾據此認爲，當一個社群的規模超過一百五十人時，組織成員之間的溝通就開始存在問題，協作便走向低效。因此，一百五十人是環境威力發揮最佳效用的邊界。

## 網路時代的趨勢引爆

《引爆趨勢》自出版之後，一直長銷不止。葛拉威爾的文筆優美流暢，新奇的案例不勝枚舉，皆是很重要的原因。他把流行病學、人類學、犯罪心理學和城市治理等方面的知識進行了一次「亂燉」，透過跨界式寫作，揭示了商業流行在去中心化的網路時代將被引爆的場景和可能性。

就如同克里斯・安德森在《長尾理論》中對帕雷托法則的顛覆一樣，葛拉威爾敏銳地發現了資訊傳播和社交趨勢的微妙改變——他在二〇〇二年就提出「我們正進入口頭傳播的時代」，流行不再自上而下地發生，它有可能是一場由素人發動的群眾運動，同時，流行的顆粒度越來越細小，越來越小眾化和脈衝式。

這些特點在智慧手機普及的行動網路時代，表現得更加顯著。

**閱讀推薦**

葛拉威爾還有一部暢銷書值得推薦，他在書中提出了一個人獲得成功需要「一萬小時訓練時間」：

- 《異數：超凡與平凡的界線在哪裡？》（*Outliers: The Story of Success*）／麥爾坎・葛拉威爾 著

第三部分

# 動盪年代與潮汐的方向

一個新的文明帶來了新的家庭形式，
改變了我們的工作、愛情和生活的方式，
帶來了新的經濟和新的政治衝突，
尤其是改變了我們的思想意識……
很多人被未來嚇壞了。

# 20 最喜歡說「不」的經濟學家

## ——《失靈的年代：克魯曼看蕭條經濟》

通往世界繁榮的唯一重要的結構性障礙，正是那些盤踞在人們頭腦中的過時的教條。

——保羅・克魯曼

如果有人評選「全球最讓人討厭的經濟學家」，保羅・克魯曼（Paul Krugman，1953-）很可能會排名第一，至少肯定不會跌出前三。

他是小布希（Bush Junior）總統最討厭的諾貝爾經濟學獎得主，是唐納・川普（Donald Trump）政府最刻薄的批評者。他對中國經濟模式的輕慢，讓他失去了最大的商業票房市場。每次經濟學家聚會，他總顯得格格不入。他被邀請去聽蘋果公司CEO的演講，回去後寫專欄，說人家一直不知所云。

如果你對他說「不」，他會表現得比你還興高采烈。

但是，他又是全球讀者最多的經濟學家，其雄辯的文筆被認爲是自凱因斯之後第一人，更有人認爲，他是活著的經濟學家中影響力最大的那一位。讀他的書，你也許會不認同他的觀點，但會被他分析問題的方法和絢爛而遼闊的視野所迷倒。

## 遇見危機的「超級烏鴉」

克魯曼出生於一九五三年，是地道的紐約長島人。在麻省理工學院讀書的時候，他就因爲狂妄自大而不受同學們待見。有一次申請研究生獎學金，他遭同學舉報，被硬生生地從名單中撤了下來。

畢業後克魯曼去耶魯大學教書，二十五歲時，他發表了一篇關於國際貿易模式的論文，後來因此得了諾貝爾獎。三十歲那年，他去華盛頓擔任總統經濟顧問，主筆了一九八三年的總統經濟報告。

一九九二年，比爾・柯林頓（Bill Clinton）競選總統，邀請克魯曼擔任競選顧問，兩人主張接近，氣味相投。克魯曼使出了渾身解數助選，希望柯林頓當選後能聘他當總統首席經濟學家。結果，柯林頓如願入主白宮，卻把聘書給了另外一個人。克魯曼只好給自己找臺階下：「從性格上來說，我不適合那種職位。你得會和人打交道，在人們說傻話時打哈哈。」

克魯曼暴得大名，是因爲他準確地預言了亞洲金融風暴的發生。

從二十世紀八〇到九〇年代，「東亞四小龍」快速崛起，東亞發展模式成爲經濟學界的一個顯學。一九九四年，克魯曼卻不合時宜地在《外交事務》（*Foreign Affairs*）雜誌上發表了〈亞洲奇蹟的神話〉一文，激烈批評新加坡、韓國等國家高度依賴政府主導的資本和勞動力要素投資拉動，因此不具備可持續性，東亞模式建立在浮沙之上，遲早要幻滅。

一九九七年，克魯曼出版了《全球經濟預言》（*Pop Internationalism*）一書，再次拳打腳踢，啓動「克氏批判程式」。

他拳打麥可・波特的競爭理論。波特在《國家競爭優勢》中，試圖把商業界成熟的競爭理論延伸至國家治理。克魯曼卻認爲，定義國家的競爭力比定義公司的競爭力困難得多，偏執於競爭力不僅錯誤，而且是危險的，會干擾國內政策的制定。……有人以為，一國的經濟財富主要取決於它能否在世界市場上取得勝利，這種看法不過是個假說，甚至完全錯誤。

接著，他繼續腳踢東亞模式。他直接把「亞洲四小龍」稱爲「紙老虎」，他輕蔑地寫道：「如果說亞洲的增長有什麼祕密的話，無非就是延期享受、願意爲了在未來獲得收入而犧牲眼前的享樂。」他斷定它們不可能再保持前幾年的速度，甚至可能爆發一場突如其來的大危機。

就在此書出版的第二年，泰銖泡沫破滅，一場金融危機席捲亞洲各國，克魯曼成了那隻預見了危機的「超級烏鴉」，《全球經濟預言》被翻譯成各國文字，在極短的時間裡狂銷一百二十萬冊。

## 面對蕭條經濟的年代

克魯曼師出麻省理工學院，秉承了薩繆森學派的市場主張。他不反對政府干預，但是對政府主導模式保持深刻的質疑，這既關乎政策設計的技術層面，更來自於意識形態。在〈亞洲奇蹟的神話〉中，他寫道：「亞洲的成功證明了更少公民自由與更多計畫的經濟體制的優越性，而這種體制是我們西方所不願意接受的。」

相比於國家主導模式或波特式的競爭理論，他更信仰市場和技術的革新力，認爲眞正重要的並非全球競爭，而是技術變革。技術進步帶來了全要素生產率的持續增長。

他多次引用同事羅伯特・索洛（Robert M. Solow）的一個估算：在美國人均收入的長期增長中，技術進步起了八〇%的作用，投資增長只解決了餘下的二〇%。

一九九九年，克魯曼出版了《失靈的年代：克魯曼看蕭條經濟》（*The Return of Depression Economics*），他警告人們，現實世界正經歷一次又一次的危機，所有問題都一針見血地涉及需求不足。因此，如何增加需求，以便充分利用經濟的生產能力，已經是一個至關重要的問題了。蕭條經濟學又回來了。

相比於檄文般的《全球經濟預言》，克魯曼在《失靈的年代：克魯曼看蕭條經濟》中回到了更具結構性的闡述。全書以很長的篇幅回顧了一九九七年七月一日（他稱之爲「世界新秩序的轉捩點」）以後的亞洲金融危機全景，同時以專題討論了二十世紀九〇年代的拉美和日本經濟模式。克魯曼試圖使眼前的世界與二十世紀三〇年代的經濟大蕭條做一次大跨度的呼應，從中尋找出經濟蕭條的共同規律，以及新的應對策略。

在書中，克魯曼的一些觀點表達了對凱因斯的敬意——在一個需求不足的世界中，自由市場體制是難以持續生存下去的，儘管我們已經享受了自由市場的所有好處。他因此被視爲新凱因斯主義的代表人物。

《失靈的年代：克魯曼看蕭條經濟》沒有像《全球經濟預言》那樣，獲得驚呼式的暢銷，不過，它顯然「活」得更久。進入二十一世紀之後的全球經濟，在很長時間裡並沒有出現全面性的蕭條，這當然不是經濟學家們的功勞，而是要感謝賈伯斯、傑夫・貝佐斯（Jeff Bezos）和馬克・祖克伯（Mark Zuckerberg）。但是，局部的蕭條從來沒有消停過。

每到這種時刻，人們就會回想起一九二九年的「黑色星期二」和一九九七年的那個夏天，然後，克魯曼的幽靈就出現了。

## 全球經濟圈的黑色預言師

克魯曼一直樂此不疲地扮演著「黑色預言師」的角色。

一九九七年，他預見了俄羅斯金融危機的爆發。

二〇〇〇年，他預測新一輪國際油價上漲的週期已經到來。第二年，國際油價急劇上漲。

二〇〇七年，他在《外交事務》雜誌撰文，警告類似於二十世紀三〇年代的全球經濟蕭條很可能再度來襲，很快，華爾街的次貸危機爆發，緊接著是那場可怕的全球金融海嘯。

二〇〇八年十月，保羅•克魯曼獲得諾貝爾經濟學獎，不過獲獎理由不是善於預測災難，而是他在二十五歲時寫的那篇關於國際貿易模式的論文。

作爲全球最炙手可熱的經濟學家，克魯曼與中國的關係非常微妙和彆扭。

二〇〇九年五月十日，獲得諾貝爾獎不久的克魯曼飛抵中國講學。在上海一下飛機，他就受到了超級明星般的待遇，在鮮花簇擁下，他被送進了一家五星級酒店的總統套房。此時正值中國經濟觸底反彈的時刻，人們非常希望聽到這位「巨星」的見解。然而，當他在一週後離開的時候，幾乎得罪了一大半的中國同行和媒體。網易財經專門做了一個送別專題：《克魯格曼：中國公敵？》（編注：簡體版譯作「克魯格曼」）。

從來沒有學會講客套話的克魯曼，對中國經濟的反彈及其前景都頗不以爲然。

在他看來，中國經濟的恢復是虛弱的，官方提供的資料不值得信賴，中國想要透過出口來恢復經濟增長是不太可能的，需要馬上開始著手調整經濟結構。此外，他認爲中國可能是一個匯率操縱國，其他國家再也不能容忍中國有這麼大的貿易盈餘。在被問及人民幣的國際化時，他更是直截了當地回答說，在他有生之年大概是看不到的。

克魯曼的這些言論激怒了很多中國學者，於是，從上海到北京，再到廣州，他一路「舌戰群儒」，以致最後得了急性咽喉炎。當他離開的時候，彼此都覺得對方已無可救藥。

### 閱讀推薦

自一九二九年的大蕭條之後，「蕭條」一直是人們最為警覺也樂於去研究的問題，值得推薦的書籍有：

- 《一九二九年大崩盤》（*The Great Crash 1929*）／約翰・高伯瑞（John Kenneth Galbraith） 著
- 《大蕭條》（*Essays on the Great Depression*）／班・柏南奇（Ben Shalom Bernanke） 著
- 《克魯曼觀點：拚有感經濟》（*End This Depression Now!*）／保羅・克魯曼 著

# 21 大股災燒出的超級明星

## ——《非理性繁榮》

我們所做的全部金融安排，都是為了盡最大努力，排除取之無道或一夜暴富得來的財富，讓真正透過實力賺取財富的贏家留有獲取尊重的空間。

——羅伯・席勒

二〇〇〇年之前，除了金融理論界和華爾街的房地產證券分析師，很少有人知道羅伯・席勒（Robert J. Shiller, 1946-）。

他是耶魯大學經濟系教授，專業領域是資產定價實證分析。在業餘時間，他與卡爾・凱斯（Karl Case）受標準普爾（S&P）公司的邀請，編制了一個以他倆的名字命名的「凱斯—席勒指數」，用於反映美國城市的房價波動。

一九九六年十二月，當時的美國聯準會主席艾倫・葛林斯潘在華盛頓發表了一次例行演講，他用了一個新詞——「非理性繁榮」來形容股票投資客的行爲。市場迅速對此進行解讀，認爲聯準會將採取貨幣緊縮政策了。第二天，美國道瓊指數下跌二・三％，全球其他國家的股票指數也隨即應聲而落。

席勒覺得這是一個挺有趣的現象。二〇〇〇年，席勒給自己的一部新作起名爲《非理性繁榮》（*Irrational Exuberance*），他預言，美國的股市正處在「非理性繁榮」的高點，股價很可能會出現拐點。

就在這本書剛剛被擺上各地書店的書架時，美國網路泡沫破滅，納斯達克指數從五千一百三十三點崩盤式下跌，在接下來的兩年多裡，跌到一千一百〇八點，跌幅高達七十八％，數萬億美元灰飛煙滅。

「國家不幸詩家幸」，一場大股災燒出了一個經濟學界的超級明星。

## 有效市場假說的反對者

你當然也可以用「非理性繁榮」來形容席勒的網紅式走紅。不過，偶然之中，卻也有著專業的必然。

席勒對拐點出現的預測，並不是新聞評論式的。在《非理性繁榮》一書中，他畫出了自一八六〇年以來，美國股市的市盈率曲線圖，發現在一百四十年的歷史中，出現過一九〇一年、一九二九年和一九六六年三個峰值點，而歷史事實是，它們都成了大股災的前奏時刻。

在這個曲線圖上，二〇〇〇年是第四個峰值，而且是前所未見的「二十世紀高峰」，所以，災難的出現帶有歷史的不可避免性。

在人類的經濟行爲中，投機是貪婪天性的一部分，它像基因一樣難以被更改。而對股票波動的預測，則如同上帝的骰子，無法捉摸。在金融理論界，一直有針鋒相對的兩派意見。

一派是有效市場假說。其代表人物是尤金・法馬（Eugene Fama），來自美國西部的自由主義大本營芝加哥大學。法馬在一九七〇年提出了這個理論，他認爲，在法律健全、功能良好、透明度高、競爭充分的股票市場，一切有價值的資訊已經及時、準確、充分地反映在股價走勢當中。除非存在市場操縱行爲，否則投資者不可能通過分析以往價格來獲得高於市場平均水準的超額利潤。

另一派當然就是有效市場假說的反對者。他們反對的理由也很簡單：首先，法馬的那個「法律健全、功能良好、透明度高、競爭充分的股票市場」根本就不存在，同時，「有足夠的理性，並且能夠迅速對所有市場訊息做出合理反應的消費者」也不存在。

這一派人聚集在美國東部的耶魯大學和麻省理工學院，羅伯・席勒正是他們的代表之一。

## 研究股市波動及制度分析的經典之作

在羅伯・席勒看來，股市的非理性，是由市場和人性的雙重缺陷共同塑造的。投資者的情緒、媒體、專家疊加成爲市場情緒，與股價變動形成回饋環，最終形成泡沫。

因此，我們應該牢記，股市的定價並未形成一門完美的科學。他在書中提出了制度和心理的「自我救贖」。當經濟不好的時候，政府就會準備提出種種刺激政策，從而喚起人們投資和消費的熱情，當這一行爲被認定爲趨勢，那麼市場就會轉熱。而在熱度越來越高的時候，恐懼就會累積，甚至聯準會主席說出的一個新名詞，就能造成市場的動盪。但是，在泡沫破滅之前，沒有人能夠定義泡沫。悲劇往往在喜劇的高潮時刻出現，反之亦然。

他寫道：「導致人們行爲的大部分想法並不是數量型的，而是以『講故事』和『找原因』的形式出現的……如果你聽見賭博者的談話，就會發現他們通常是在講故事，而不是評價事件發生的概率。」

在寫《非理性繁榮》一書的時候，席勒還做過一個小測試，他透過郵件的方式隨機向一百四十七個人發出了一份問卷。在問及「股市是不是最好的投資場所」時，六十三%的人表示「非常同意」，三十四%的人表示「有些同意」，「中立」、「有些不同意」和「非常不同意」的人數加在一起只有三%。

席勒對股市的下跌判斷由此而來，這符合巴菲特的那句名言，投資人應該「在貪婪時恐懼，在恐懼時貪婪」。

《非理性繁榮》成爲一本研究股市波動及制度分析的經典之作。席勒在書中，先是從結構、文化和心理性因素三個方面，對現代股票市場自創建以來的上漲與下跌進行了系統性的分析，繼而對有效市場假說理論進行了辯駁，最後，對千禧年初期的股市做了展望，並提出了政策性的建議。

在二〇〇五年的修訂版中，席勒回到自己最熟悉的領域，新增了關於房地產市場分析的章節。他指出，當時的美國房產市場的繁榮隱含著大量的泡沫，房價可能在未來幾年內下跌，而這種「非理性繁榮」的源頭，是現有金融體系安排存在重大缺陷。

在該書修訂版出版一年多後，由房地產泡沫破滅而引發的次貸危機眞的如期而至了，羅伯・席勒的預言再次應驗。

## 透過金融創新，達到金融民主化

二〇一二年，席勒出版了《金融與美好社會》（*Finance and the Good Society*）一書，它可以被看成是十二年前《非理性繁榮》的續篇。

在這十多年裡，美國股市先是收復了全部的失地，並創造了新高，然後又在二〇〇七年再度泡沫破滅，接著又實現了穩定和反彈。在兩個週期的大波動中，市場和政府監管當局展現了全部的智慧、無知與不平等。

席勒分析了活躍在資本市場的所有參與者的角色、責任與合約缺陷，在他看來，目前的金融秩序其實無法化解非理性所帶來的風險。他建議設立一個包含各種風險資訊並能夠對其進行及時處理的資料庫系統，構成金融新秩序的物質基礎。在這個「超級大腦」的幫助下，反映出所有的風險，並從此創造出新型金融工具。在席勒看來，只有透過這樣的金融創新，才可能實現金融民主化，從而分散風險，讓每一個普通公民都能享受商業進步的紅利。

他感嘆說：「金融應該幫助我們減少生活的隨機性，而不是添加隨機性。為了使金融體系運轉得更好，我們需要進一步發展其內在的邏輯，以及金融在獨立自由的人之間撮合交易的能力——這些交易能使大家生活得更好。」

席勒於二〇一三年獲得諾貝爾經濟學獎，這幾乎沒有什麼爭議。不過讓人非常意外的是，與他一起得獎的另外一位經濟學家，居然是尤金・法馬。

一向嚴肅的瑞典皇家科學院用這種方式與經濟學界開了個不大不小的玩笑。它大概是想表達一個意思：你們都說得太有道理，但迄今，你們似乎都沒有改變如此混沌的世界。

**閱讀推薦**

關於資本遊戲的書籍不勝枚舉，大多自吹自擂，投資人火中取栗，一朝得手便不可一世。值得推薦的有：

- 《摩根財團：美國一代銀行王朝和現代金融業的崛起》（*The House of Morgan: An American Banking Dynasty and the Rise of Modern Finance*）／朗・契諾（Ron Chernow）著
- 《索羅斯金融煉金術》（*The Alchemy of Finance*）／喬治・索羅斯（George Soros）著

# 22 為「守夜人」劃定邊界
## ——《政府為什麼干預經濟》

政府應該在更正市場失靈和市場局限，以及追求社會公正方面，扮演重要但有限的角色。

——約瑟夫・史迪格里茲

如果要把當世美國經濟學家聚在一起，整一齣「鏘鏘三人行」，最合適的人選，應該就是保羅・克魯曼、約瑟夫・史迪格里茲（Joseph F. Stiglitz, 1943-）和羅伯・席勒。他們都是諾貝爾獎得主，個個都是顏值擔當，話鋒犀利，而且得理不饒人。克魯曼代表市場，史迪格里茲代表政府，席勒代表「非理性」，拋出任何一個話題，估計都會吵到蓮花朵朵開。

史迪格里茲比克魯曼年長十歲，無論是教書還是行政閱歷都要豐富得多，對中國的態度，也相對溫和不少。作爲在傅利曼和薩繆森兩大巨人陰影下成長起來的中生代經濟學家，史迪格里茲的思考和創作都徘徊在老師們所設定的主題和理論架構之內。

對天才來說，晚出生了三十年，其實就如同錯過了一生。

## 關於政府的經濟角色

加里（Gary）是一座位於美國印第安那州西北部的小城市，全市人口不足十萬。有趣的是，世界上最暢銷的兩本經濟學教材居然都出自加里人之手——薩繆森和史迪格里茲。

史迪格里茲出生於一九四三年，在麻省理工學院獲得經濟學博士學位，二十六歲就當上了耶魯大學的經濟學教授。

他的經濟學見識都起源於一個以他的名字來命名的悖論——格羅斯曼—史迪格里茲悖論（Grossman-Stiglitz Paradox）：由於資訊成本的存在，市場效率和競爭均衡是不相容的，價格不可能充分顯示。

也就是從這個悖論出發，史迪格里茲在自己與貨幣學派之間重重地畫出了一條界限。他反對羅納德・寇斯的主張，認為寇斯提出的「自願聯合」或「協商解決」是不可能實現的——因為市場無法完全收集到所有個人的資訊。與其自願聯合建立一個「新組織」去負責這個市場問題，就不如簡化地把「現成」的政府看成是為此目標而設立的一個集體性組織，這樣更能節省交易費用。

二十世紀八〇年代之後，海耶克的「假想敵」——計畫經濟無論在理論、國家治理和道德層面上，都已經破產了。在西方或東方，原教旨意義上的計畫派、市場派其實都不存在了。

最亟待解決的理論問題，其實只剩下了一個：市場失靈與政府調控的邊界到底在哪裡？

一九八九年，史迪格里茲寫出了一本小冊子《政府的經濟角色》（*The Economic Role of the*

*State*），它被認爲是近半個世紀以來對這一問題的最傑出的思考。此作品發表後，引起整個經濟學界的大討論，左中右各派相繼捲入，多位重量級的學者（包括幾位諾貝爾獎得主）都發表了贊同或商榷的文章。

一九九八年，正處改革深水區的中國把這篇論文與其他七位經濟學家的論戰文章結集在一起，出版了《政府爲什麼干預經濟》一書。

在書中，史迪格里茲先是揭示了一個事實，美國政府的支出約占國民生產總值的三分之一，而其他市場化國家，如德國、法國和義大利，這一比例更高達二分之一。他繼而把政府的作用劃分爲生產和消費兩方面的作用，前者要回答「怎樣生產產品」，後者要回答「生產什麼」和「爲誰生產」。

他的核心觀點是：「只要在資訊不全或市場機制不完整的狀況下（這可說是全球常態），國家的干預就必然存在，以有效改善資源配置的效率。」❹如果資訊不對稱會造成「市場失靈」，那麼，它也同樣會造成「政府失靈」。史迪格里茲顯然看到了這一事實，他對政策工具在調控中的自我約束進行了討論，建議引入創新、激勵和競爭機制，以提高公共供給的效率。他試圖確立一些基本原則，來規範政府參與經濟的行爲。

## 毀滅的種子即繁榮自身？

「我想看看眞實的世界——做一隻碰壁的蒼蠅。」一九九三年，史迪格里茲離開高校，去往華盛頓從政，他擔任了四年的總統經濟顧問委員會主席，接著，又在世界銀行當了三年的副行長兼首席經濟學家。

二〇〇一年，史迪格里茲獲得了諾貝爾經濟學獎，這時候，他已經重返熟悉的校園。在後來的兩年裡，他先後出版了《全球化及其不滿》（*Globalization and Its Discontents*）和《狂飆的十年》（*The Roaring Nineties*）。

在這兩部書中，他以簡明經濟史的手法回顧了剛剛發生的歷史，包括超出所有人想像的高速增長、九一一事件、狂熱的放鬆管制、安隆醜聞案、東亞金融危機，以及越來越嚴重的分配不公平。

「毀滅的種子是什麼？第一個是繁榮自身。」史迪格里茲在《狂飆的十年》中寫道：「也許自從鬱金香泡沫之後，市場的非理性從來沒有表現得像最近這樣的明顯。」他批評了市場，同時認爲政府沒有很好地扮演平衡的角色，以至於出現了「廉價的增長」。

他再次重複了十多年前的警告：不受約束的市場遠非經濟繁榮的引擎，獲得持續增長和長期效率的最佳方法，是找到政府和市場之間的恰當平衡，公司和經濟都必須受到一定程度的管制。這不僅僅是好的道德教化，還是「好的經濟學」。

二〇一二年，勤奮的史迪格里茲又出版了《不公平的代價》（*The Price of Inequality*）一書，這個時候，他成了反省全球化的「鬥士」。

在他看來，人均GDP可能上升，但大部分公民的生活可能年復一年原地踏步甚至過得更糟……我們的經濟與政治體系承諾我們要做的事情，與它們實際做的事，兩者天差地別到不容

❹ 出自史迪格里茲爲卡爾・波蘭尼（Karl Polanyi）的《鉅變》（*The Great Transformation*）一書寫的序言。

忽視的地步。

根據史迪格里茲的統計，美國社會最上層的〇．一％的家庭所獲得的收入是社會底層九〇％的家庭平均收入的兩百二十倍。最富有的一％人群擁有的總財富超過國家財富的三分之一。他把林肯總統的名言「民之所有，民之所治，民之所享」，諷刺性地改爲「一％所有，一％所治，一％所享」。

## 「看不見的手」與「守夜人」

從史迪格里茲最近十多年的著作可以發現，華盛頓的從政經驗對他的學術路徑產生了巨大的影響。

作爲一個堅定的政府干預主義者，他對政府機制瞭解得越透徹，失望便也越深重。自亞當．斯密以來，關於重商主義的爭論從來就沒有停歇過，「看不見的手」與「守夜人」之間的關係一直微妙而危險，並且從來沒有達成完美的均衡，或者，理想狀態的均衡根本就不存在。在這個意義上，現代經濟學是從道德倫理學中被剝離出來的，而實際上，它又從來沒有離開過道德倫理。

在史迪格里茲發表《不公平的代價》三年後，二〇一五年，川普宣布參選美國總統。以東部精英知識份子的立場，史迪格里茲認爲他是「最不夠格且參選最倉促的人之一」，但實際上，他的著述卻可能是川普反對他和他的朋友們的最佳助選文案。

史迪格里茲與克魯曼被視爲美國經濟學界的「雙子星」，他的性格更溫和，不像克魯曼那樣「善於」得罪所有的人。

## 閱讀推薦

關於國家的經濟行為研究，中國與西方學界的考察起點、立場和結論都相去甚遠，推薦：

- 《國家爲什麼會失敗：權力、富裕與貧困的根源》（*Why Nations Fail: The Origins of Power, Prosperity, and Poverty*）／戴倫・艾塞默魯（Daron Acemoglu）、詹姆斯・羅賓森（James A. Robinson）著

# 23 讓公平重新回到辯論的中心

## ——《二十一世紀資本論》

不平等是一種政治建構，而並非經濟或技術的「自然」產物。是時候走出這個財產神聖化的時代，超越資本主義了。

——托瑪・皮凱提

自二戰之後，隨著全球政治與經濟主導權的轉移，歐洲再也沒有出現凱因斯式的大人物，經濟學理論的發動機被搬到了大洋彼岸的美國。在傅利曼與薩繆森的爭吵中，歐洲人有時候連插嘴的資格都沒有。

因此，一部全面展現歐洲學者經濟學觀點的著作，便顯得非常稀罕了。這個任務，在二〇一四年由一位法國經濟學家完成了，他還非常年輕，是一位「七〇後」。

### 法國最佳青年經濟學家

托瑪・皮凱提（Thomas Piketty, 1971-）出生於一九七一年，距離馬克思去世已有八十八年，他的作品名為《二十一世紀資本論》（*Capital in the Twenty-First Century*）。從盧梭（Rousseau）時代以來，巴黎一直是左翼知識界的心臟，二戰結束後，沙特的存在主義思潮更是激盪了一代青年。一九六八年，巴黎爆發「五月風暴」，繼而席捲整個西方世界，成為百年左翼青年運動的雙高峰之一。皮凱提的父母就是一九六八年運動的街頭參與者，這樣的記憶如血液一樣滲透到了皮凱提的著述之中。

皮凱提非常早慧而且富有行動力，他博士畢業於巴黎高等師範學院，二十二歲就在麻省理工學院經濟系謀到了助理教授的教職。但是，他對美國式的生活沒有興趣。「我覺得美國經濟學家們的工作一點都沒有說服力。沒錯，他們都很聰明，但奇怪的是，我非常強烈地意識到，他們對世界上的經濟問題一無所知。」

皮凱提於一九九五年回到了巴黎，從此再沒有離開過。三十一歲時，他被評為法國年度最佳青年經濟學家。三十五歲時，皮凱提創辦巴黎經濟學院，並擔任第一任院長。

作為沙特存在主義信徒的兒子，皮凱提繼承了叛逆和崇尚自由的知識份子傳統。二〇一五年一月，法國政府授予皮凱提象徵最高榮譽的法國榮譽軍團勳章，但是，就如同沙特拒絕一九六四年的諾貝爾文學獎一樣，皮凱提拒絕接受勳章，他對記者說：「政府的角色並非決定誰值得尊敬……他們還不如專注於復興法國及歐洲的經濟增長。」

## 財富不平等現象加劇

《二十一世紀資本論》就如同它的書名一樣，充滿了勃勃的野心，為這本書，皮凱提準備了二十年。

與美國經濟學家專注研究「發展」不同，皮凱提把他的學術重心放在了「公平」上，這是歐洲左翼傳統的出發點。而與其他歐洲學者不同，皮凱提的理論工具來自資料模型，而不僅僅是邏輯推導和意識形態的憤怒。

早在博士時期，他就開始用數學方法對稅收理論進行深入的研究。二〇〇三年，他與同事合作發表論文，研究了美國一九一三到一九九八年間的收入不平等情況。這篇文章詳細描述了處於收入分配頂端的家庭所占有的國民收入比重的變化，二十世紀初，他們占有的財富比重急劇上升，二戰期間出現下降，到了二十世紀八〇年代又開始大幅增加。

接著，皮凱提將不平等問題的研究拓展到英國、中國、印度和日本等國家，他和他的研究團隊建立了包括三十多個國家的資料在內的「世界最高收入資料庫」。他們發現，在二〇一二年，最富有的一%的家庭拿走了二十二・五%的財富，這是一九二八年以來的最大值！他的實證研究激起巨大反響，成爲近年來各國反金融資本主義寡頭運動最重要的理論武器。

《二十一世紀資本論》是皮凱提這一系列研究的總結。他警告人們，分化的力量隨時可能占據上風，現在似乎正在重蹈二十世紀初期的覆轍。如果任由這一趨勢持續下去，財富分配的長期變化令人不寒而慄。

在書中，皮凱提提出資本「向心論」：當資本回報率超過經濟增長率時，不平等將加劇——因為利潤和其他形式的資本收入，會比工資收入增長更快，而後者是大多數人的飯碗。

透過對近三百年歐美經濟史的資料統計，他得出了讓人近乎「絕望」的結論：資本報酬率維持在每年四%到五%的水準，意味著每十四年左右財富翻番，而國民收入每年增長一%至二%，意味著起碼每三十五年收入才能翻番。也就是說，工業革命以來，財富和收入的不平等程度日益加劇，是一種必然現象。

此外，皮凱提還使用了很多極端的資料，比如，在二十世紀五〇年代，平均每個CEO的薪水是公司裡基層員工的二十倍，如今，世界五百強公司管理層和基層薪資比大於兩百倍。再比如，世界上最富有的八十五個人擁有的財富，等於最窮的三十五億人的資產總和。我們的世界將重現十九世紀歐洲的場景，平均主義的先鋒思想將被遺忘，而新世界可能淪為擁有全球化經濟的老歐洲。

皮凱提的行文和某些論述，讓人聯想起一百多年前在大英圖書館埋頭創作的馬克思，他也不時做出一點這樣的「暗示」。不過當然，他的結論並沒有導向暴力革命。

他給出的解決方案是徵收「財富稅」：對全球富人徵稅，並對最富人群提高稅率。稅率要多高？根據皮凱提團隊的計算，發達國家理想的最高稅率可能要高於八〇%。他以美國爲例，認爲對年收入高於五十萬或一百萬美元的個人徵重稅，不僅無損美國經濟增長，還會讓更多人享受增長的果實，因爲它對無用甚至有害的經濟活動起到了合理的抑制作用。

## 發展與公平，一對恩怨交疊的兄弟

在全球化暫時落幕的二十一世紀第一個十年，皮凱提再次提出了關於不平等的問題。《二十一世紀資本論》的中文版厚近七百頁，可謂皇皇巨著，它與兩年前約瑟夫・史迪格里茲的《不公平的代價》體現出歐美經濟學家對同一問題的共同關注。

但是，他有沒有展現全部的眞實及給出正確的答案，便仁者見仁了。

發展與公平，如同一對恩怨交疊的兄弟。在人類漫長的歷史上，它們在絕大多數的時候勢同水火，此消彼長。中國古人曰：「不患寡而患不均，不患貧而患不安。」體現了人性幽遠而叵測的一面。所以，凡是傾向「患不均」一側的思想者，都很容易站在道德的高點上，人們往往因爲在內心呼應了他的控訴，而放棄了對他給出的解決方案的警惕性。

對皮凱提的質疑主要體現在兩個方面：其一，他漠視了近半個世紀以來，在地球的大部分地區，消除貧困和延長壽命的努力已經取得了實質性的進步；其二，他所提出的「財富稅」方案，不但缺乏推行的實際可能性，而且意味著另外一種意義上的暴力掠奪。

皮凱提在《二十一世紀資本論》中的觀點對馬克思表達了遙遠的敬意，同時也頗有點自信地試圖加以修正和反覆運算。他說：「我比馬克思多了一百五十年的歷史經驗。馬克思指出，資本主義是自己的掘墓人，但他沒有告訴我們，廢除資本主義後，如何在政治和經濟上組織社會，這是他的歷史局限性。」❺

其實，每一個人都活在自己的歷史局限性裡。如果一本書可以開啓我們對一個問題的認眞思考——而不是代替我們思考，那麼，它就已經足夠傑出。

**閱讀推薦**

對當代資本主義的批判，從來沒有停止過，而這些作家大多是歐洲學者，值得推薦的有：

- 《資本主義十講》（*Le capitalisme en dix leçons*）／米歇爾・于松（Michel Husson）著

❺ 二〇一四年，皮凱提接受《外灘畫報》採訪時的回答。

# 24 家庭主婦對城市的抗議

## ——《偉大城市的誕生與衰亡》

城市美化運動的全部觀念和計畫，都與城市的運轉機制無關，缺乏研究，缺乏尊重，城市成了犧牲品。

——珍・雅各

這些年，去國內的二、三線城市出差，站在十字路口，舉目四望，在高樓林立的嶄新景觀中，常常有一種錯覺：我是不是曾經到過這座城市？因為，所有中國城市長得實在太像了。

還有一次去北京，住在北京大飯店，到了晚上八點左右，我想出門逛一下夜市，結果，在飯店附近走了一個多小時，居然沒有找到一條胡同、一個酒吧，甚至沒有發現一家便利店。

站在空曠而冰冷的大道上，我突然有一種被城市「隔離」的荒誕感。我的這一體驗，在一九六一年，曾被一個叫珍・雅各（Jane Jacobs, 1916-2006）的家庭主婦感受過，她寫了一本書——《偉大城市的誕生與衰亡》（*The Death and Life of Great American Cities*）。

這本書幾乎顛覆了以往的城市規畫理論，也幾乎改變了美國城市的發展方式。

## 理想的城市場景

珍‧雅各不是建築師，也不是城市規畫的專家，她僅僅是一個住在紐約格林威治村的作家，偶爾也給《紐約客》或Vogue雜誌寫寫專欄。她的這本書出版後，美國城市規畫學會的會長抱怨說，她除了給規畫帶來麻煩，其餘什麼也沒有。

但是，雅各所代表的意見方，不是規畫專家，而是居住在城市裡的普通人，她的《偉大城市的誕生與衰亡》的第一句話就是：「本書是對當前城市規畫理論和重建活動的抨擊。」

在二戰之後，隨著經濟的繁榮，美國發生了一場壯觀的城市再造運動，舊的街道被徹底改造，貧民區相繼被拆除，摩天大樓的紀錄被一再打破。這裡面既有新商業文化的噴發，也有著巨大的利益湧動，涉及房地產商、政府、零售商，以及無數雄心勃勃的建築大師們。

在這場大造城運動中，主流的理念是機器美學和新功能主義建築哲學。甚至有人提出：「新是唯一的哲學。」

然而，在家庭主婦雅各看來，這是一個錯誤的潮流，她在書中描述說：「生機勃勃的城市要有如下條件：零售與住宅相融；街道短小而不間斷，避免長條封鎖狀；建築物最好有新有舊，且融合不同的功能；此外，人口密度要高。」

在書中，雅各對眾多世界知名的城市規畫師指名道姓地提出了尖銳的批評，其中包括旗手型的人物勒‧柯比意（Le Corbusier）。

柯比意是現代主義城市建築的主將，他提出了「光輝城市」的理念，認爲城市應當按照需求嚴格分區——高密度的居住與工作空間、專爲汽車交通建設的路網、集中的公共服務體系，以此提高城市與居住者的效率。日後盛行的中央商務區（Central Business District, CBD）模式即源於柯比意的這一構想。

雅各認爲柯比意是那個「把反城市的規畫融入一個罪惡城堡裡的人」。她寫道：「這樣龐大而引人注目的作品表現了某個人的成就，但是，至於城市到底是如何運轉的，正如花園城市一樣，除了謊言，它什麼也沒有說。」

繼而，她用散文的筆調描寫了自己心目中的城市場景：早上，雜貨店的店主打開窗戶，中學生們在上學路上把包裝紙丟在地上。中午，裁縫打開窗給花草澆水，愛爾蘭人在白馬威士忌酒館裡晃蕩，也會「舞出一個舞步」，比如把鑰匙留在隔壁的熟食店。城市裡到處是短的、七拐八扭的街道，人們能享受到拐彎的空間感樂趣。

她筆下的城市是現代的，但同時更是混亂的，並充滿了人的氣息，這當然與柯比意式的注重功能秩序、整潔和社區分割的新城市主義背道而馳。

## 城市是活的有機體，不是藝術品

在《偉大城市的誕生與衰亡》一書中，雅各創造了一個新名詞：街道眼（Street Eye）。這個新鮮而可愛的概念，反對建設那些寂寥而空曠的「花園城市」，它主張保持小尺度的街區和街道上的各種小店鋪，用以增加街道生活中人們相互見面的機會，從而增強了街道的安全感。

與大多數城市規畫師認爲「城區越老就越破敗和越不安全」的觀點截然不同，雅各用強有力的案例和親身體驗證明，老社區是安全的，因爲鄰里有著正常的交往，對社區有著強烈的認同感。

她指出，交通擁堵不是汽車多引起的，而是城市規畫將許多區域生硬地隔離開來，讓人們不得不依賴汽車而導致的。

曾經有一次，雅各找一位規畫師詢問相關的城市建設問題，但對方擺出一副對「人們在想什麼」毫無興趣的表情。這樣的姿態，讓雅各感到很憤怒：「對他來說城市設計就是美學上的事情，跟其他無關。」

雅各認爲城市不是被拿來設計的藝術品，而是活的有機體，城市規畫本身也是一個富有生命的、活的過程。城市是人類聚居的產物，而成千上萬的人的興趣、能力、需求和才華則千差萬別。

多樣性是城市的天性。她犀利地指出，所謂功能純化的地區如中央商務區、市郊住宅區和文化密集區實際上是功能不良的。她用尖刻的口吻寫道：「城市設計的規畫者們和建築師們……費盡心思去學習現代正統規畫理論的聖人和聖賢們曾經說過的話……他們對這些思想如此投入，以致當碰到現實中的矛盾威脅到要推翻他們千辛萬苦學來的知識時，他們一定會把現實撇在一邊。」

## 最值得珍惜的公共知識份子

珍・雅各有著一張圓圓的娃娃臉，從青年到暮年，都留著標誌性的齊瀏海短頭髮——她可能是留這個髮型最出名的兩位女性之一，另外一位是日本的「圓點女王」草間彌生。有趣的是，她們都是二十世紀六〇年代最憤怒的女知識份子。

雅各不但是新城市運動的理論反對者，更是第一批衝上街頭的抗議份子。就在出版《偉大城市的誕生與衰亡》的一九六一年，她參加了抵制格林威治村城市重建的抗議活動，並因此入獄。

一九六八年，曼哈頓下城區將修建一條高速公路，雅各和她的同道們認爲，這會導致成百上千的家庭和商業機構被迫遷移。她組織了激烈的街頭抗議活動，因「暴亂」和「故意傷害」的罪名遭拘捕。在聽證會上，她大鬧現場，試圖衝上去撕毀速記員的記錄錄音帶。這場抗爭最終以雅各的勝訴而告終。也是在這一年，珍・雅各又和蘇珊・桑塔格（Susan Sontag）、艾倫・金斯堡（Allen Ginsberg）一起因反徵兵而被捕，她認爲兒子即使是去坐牢，也不該到越南戰場去當「砲灰」。

羅素・雅柯比（Russell Jacoby）在《最後的知識分子》（*The Last Intellectuals*）一書中將珍・雅各列爲美國「最值得珍惜的公共知識份子」之一。

在《偉大城市的誕生與衰亡》的最後一頁，雅各寫道：「單調、缺乏活力的城市只能孕育自我毀滅的種子，但是，充滿活力、多樣化和用途集中的城市，孕育的則是自我再生的種子。即使有些問題和需求超出了城市的限度，它們也有足夠的力量延續這種再生能力，並最終解決那些問題和需求。」

這種對自然和人性的尊重，在後來的很多年裡，刷新了人們對城市和棲居的理解。

### 閱讀推薦

從《偉大城市的誕生與衰亡》問世的第一天起，雅各就不乏反對和批駁者，值得推薦的是：

- 《城市的勝利：都市如何推動國家經濟，讓生活更富足、快樂、環保?》（*Triumph of the City: How Our Greatest Invention Makes Us Richer, Smarter, Greener, Healthier, and Happier*）／愛德華・格雷瑟（Edward Glaeser）著

在本書中，紐約大學經濟學家愛德華・格雷瑟認為「高密度的城市生活，不僅有利於保護生態環境，而且還能刺激創新」。

# 25 把新世界的地圖徐徐展開

## ——《第三波》

第三波拆散了我們的家庭，動搖了我們的經濟，癱瘓了我們的政治制度，粉碎了我們的價值觀，每一個人都受到影響。明天的權力爭奪必須以此為背景。

——艾文・托佛勒

艾文・托佛勒（Alvin Toffler, 1928-2016）去世於二〇一六年，時年八十八歲，他目睹了自己三十多年前的預言變成現實。作爲一個未來學家，沒有什麼比這個更令人欣慰的了。

蔡元培曾評論胡適說，他的學問未必有多高深，但是他敢於「斷刀截流」。相比胡適，托佛勒是一個更大膽的人，因爲他不但梳理過往的歷史，更試圖大膽勾勒未來的方向與路徑。

很多關於未來的書籍，隨著「未來已來」而變得陳舊，但是，托佛勒創作於一九八〇年的《第三波》（*The Third Wave*），卻因爲洞見的深邃和思考方式的新穎，在今天仍然被人們一再地閱讀。

## 每個人，都參與了新文明的建立

> 人類面臨一個量子式的躍進，面對的是有史以來最強烈的社會變動和創造性的重組。我們並沒有清楚認識到這事實，但是卻參與了建立新文明的基層工作，這就是第三波的意義。

每一個生活於二十世紀八〇年代的人，都可以從這段文字中讀出亢奮和焦慮：一個新的大航海時代眞的開始了嗎？我眞的置身其中嗎？我是一個革命者還是被革命者？

艾文・托佛勒出生於一九二八年，當過五年的工人，對工廠和生產線有最切身的體驗。二戰結束後，他成爲一名勤奮的記者。一九六〇年，托佛勒去ＩＢＭ實地調研，寫了一篇題爲《電腦對社會和組織的長期影響》的考察報告，預見到大規模生產向服務和知識工作的微妙轉變，這份報告觸發了ＩＢＭ向數位化技術的轉型。

進入二十世紀七〇年代之後，歐美各國的製造業相繼陷入產能過剩的困境，與之相伴的是中產階層的大規模崛起，勞動力成本逐年增加而能源危機的火苗時時閃現，全球經濟被前所未見的「滯漲」所困擾。

就在各國政治家和經濟學家爲紓困焦頭爛額、無計可施的時刻，名不見經傳的科技記者托佛勒猛地推開了一扇新的窗戶。

在《第三波》一書中，托佛勒先是對人類的商業文明史進行了大膽的斷代，他把經歷了幾千年演進的農業革命定義爲第一次浪潮，把已經進行了三百年的工業革命定義爲第二次浪潮，進而，他順理成章地提出，我們即將進入一個嶄新的、橫掃過去一切的第三波時期。

> 一個新的文明正在我們生活中出現……這個新文明帶來了新的家庭形式，改變了我們的工

作、愛情和生活的方式，帶來了新的經濟和新的政治衝突，尤其是改變了我們的思想意識……很多人被未來嚇壞了。

對於這個可怕而陌生的新經濟形態，托佛勒並不是唯一的發現者，在他之前，已經有一些學者洞見到了資訊化產業所可能造成的革命性效應，大家都試圖用一個新的概念去定義它。美國的戰略學家茲比格涅夫・布里辛斯基（Zbigniew Brzezinski）提出了「電子技術時代」，社會學家丹尼爾・貝爾（Daniel Bell）稱之爲「後工業社會」，馬歇爾・麥克魯漢（Marshall McLuhan）創造了「地球村」這個新名詞，還有人提出了太空時代、資訊時代、電子紀元等。

但是，沒有一個人像艾文・托佛勒這樣，從人類文明史的高度對當今的時代進行審視，並做出了高度概括性的描述，他大膽宣布：「工業主義滅亡，新文明崛起。」

在這個意義上，托佛勒重新發現了歷史。

## 資訊時代，一種新文明形態誕生

《第三波》在出版的十年內，被翻譯成三十多種文字，發行量超過驚人的一千萬冊，是史上賣出最多的未來學著作。這與托佛勒大膽而肆意的文風大有關係。

如果由布里辛斯基或貝爾來創作同題材圖書，肯定是另外一番風格或別有深度，但能否像《第三波》這樣狂銷，恐怕要打一個問號。托佛勒創造了一種「全景演繹」式的創作範式，即跳上太空看地球，同時在細節中發現劇烈的變化。

有一些我們今天非常熟悉的名詞，都是在《第三波》中第一次被托佛勒發明出來的，比如說，大資料、跨國公司、無紙化辦公、產消合一等。在一九八〇年，電腦已經誕生了三十多年，也有一些實驗室在構想資訊化網路的可能性，不過，絕大多數人都僅僅站在工業和商業活動的效率提升的高度。托佛勒卻把它看成是「新文明形態的誕生」，在他看來，資訊化將改變人類的生活和工作方式，而資訊流動所產生的難以計量的非結構性資料，將成爲新的資產，「資料即財富」。

眾所皆知的是，網路經濟的眞正出現是在一九九五年前後，並在其後的二十年裡再造了全球經濟格局。但是在一九八〇年托佛勒的作品裡，已經隨處可見他對變化的預見。在他看來，資訊將幾十億人口系統地連接在一起，產生了一個沒有人能夠獨立控制其命運的世界。我們必須重新設計重要的管道，以配合遞增的資訊流量，這一系統必須依賴電子、生物和新的社會科技。第三波帶來了歷史上第一個「超越市場」的文明。

這可以被看成是人類對網際網路的第一次清晰描述。

在資訊化時代，大市場將分裂成繁複多變的小市場，出現更多各種形式、類別、尺寸、顏色的產品，這意味著傳統的標準化大規模生產模式將崩潰。而在流通領域，則需要一種新的、能夠符合多樣化需求的服務模式。在這些敘述的字裡行間，我們可以讀到工業四・〇和電子商務平臺的飄渺身影。

在二十世紀七〇年代，懷孕自測用品在歐美國家被發明和流行起來，從這個微小的細節，托佛勒敏銳地洞見到：「生產者和消費者之間的界限逐漸模糊，可以看到產消合一者的地位日趨重要。」

托佛勒還看到了跨國公司的崛起。隨著發達國家的製造成本日漸提高，越來越多的公司試圖建立一個特殊的全球性生產體系。就全球權力體系而言，跨國企業的崛起削弱了國家的角色，此時正是離心壓力即將導致內部分裂之際。

## 展現在眼前的新世界地圖

我迄今仍記得一九八六年的冬季，在復旦大學寒冷的學生宿舍裡，第一次讀到《第三波》時的驚悚心情。

托佛勒的這部作品在一九八三年被翻譯引進中國。對於這個剛剛打開國門的國家，他所描述的技術變革實在是非常的陌生和遙遠，但是你仍然能夠嗅出趨勢的硝煙，以及與我們的隱約關係。而對於像我這樣的青年學子，《第三波》把一個新世界的地圖展現在了我們的面前，它是如此地波瀾壯闊而激動人心。

托佛勒用文字把他的讀者一腳踢進了莫測的未來之海：「今天在危險邊緣徘徊的不僅是資本主義和社會主義，也不僅是能源、食物、人口、資本、原料和工作，眞正危險的是市場在我們生活中扮演的角色以及文明自身的遠景。」

我還曾經把托佛勒的一句話抄在日記本的扉頁：「唯一可以確定的是，明天會使我們所有人大吃一驚。」

在後來的幾年裡，我無數次與這段文字相遇，在默默對視中，讓時間開始。

**閱讀推薦**

艾文・托佛勒的〈未來三部曲〉包括：

- 《第三波》／艾文・托佛勒　著
- 《未來的衝擊》（*Future Shock*）／艾文・托佛勒　著
- 《大未來》（*Powershift*）／艾文・托佛勒　著

另外一本對中國產生過重大影響的網路啓蒙書是：

- 《數位革命》（*Being Digital*）／尼古拉斯・尼葛洛龐帝（Nicholas Negroponte）著

# 26 網路世界的「預言帝」

## ——《釋控》

跟三十年後的我們相比，現在的我們就是一無所知。必須要相信那些不可能的事情，因為我們尚處於第一天的第一個小時——開始的開始。

——凱文・凱利

大鬍子的凱文・凱利（Kevin Kelly, 1952-）被讀者親切地稱爲KK。西方人中，名字用兩個K字母開頭的應該很多，但他是唯一的KK。他的《釋控》中文版厚達七百多頁，幾乎很少有人逐頁完整讀過，但幾乎沒有人不知道這本書。

如果說，艾文・托佛勒在一九八〇年「斷刀截流」，把資訊化革命定義爲人類文明的「第三波」，那麼，凱文・凱利創作於一九九四年的《釋控》，則以「先知」的姿態，勾勒了網路經濟的產業圖景。活躍於矽谷的KK的創作顯然更加具體和具有科技感。

可以說，關於未來，托佛勒大聲喊出了「方向」，KK則描述了「道路」本身。

在中國閱讀界，很長時間裡，《釋控》是一個傳說。因爲它實在是太厚了，充斥著無數陌生的科技名詞，令人望而生畏，沒有一家正規的出版社願意出版它。（編注：此處所指為簡體中文版的出版狀況，繁體中文版於二〇一八年出版。）

直到二〇〇八年，一群年輕的科技愛好者實在忍不住了。他們在網路社群裡發起了一項群眾募資翻譯的工程。他們創建了維基頁面和谷歌小組，公開招募翻譯者——他們之中有大學生、教師、公務員及自由職業者，透過「亂哄哄」的協作方式，僅用一個半月的時間，就完成了中文版的翻譯初稿。

KK本人對這樣的翻譯方式非常驚訝，但覺得這就是書中對「失控」概念的體現。此外，他還在簡體中文版序言中十分自得地寫道：「我們今天所知的，絕大多數是我們二十年前就已知的，並且都在這本書中提及了。」

## 機器在生物化，生物在工程化

凱文・凱利出生於一九五二年，比托佛勒足足小了二十四歲。在美國，把網路技術推向商業化的那一代人，大多出生於二十世紀五〇至六〇年代，如賈伯斯和比爾・蓋茲，他們都出生於一九五五年，創辦 eBay 的皮耶・歐米迪亞（Pierre Omidyar）是一九六七年生人，雅虎的楊致遠和亞馬遜的貝佐斯分別出生於一九六八年和一九六四年。

凱文・凱利大學讀了一年就輟學了（輟學似乎是美國網路界人士的優良傳統，長長的輟學名單中，包括蓋茲〔微軟〕、賈伯斯〔蘋果〕、楊致遠〔雅虎〕、謝爾蓋・布林〔Sergey Brin，谷歌創辦人〕、祖克伯〔臉書創辦人〕、陳士駿〔YouTube 創辦人〕、特拉維斯・卡蘭尼克〔Travis Kalanick，Uber 創辦人〕、傑克・多西〔Jack Dorsey，推特創辦人〕、伊隆・

馬斯克（Elon Musk，特斯拉創辦人）等等），然後用打工賺來的錢買了一張飛往亞洲的機票。他說：「當我到達的時候，我的錢包幾乎空空如也，不過，我有的是時間。」

接下來的八年，他一直在亞洲各地遊蕩。二十八歲那年，他又騎自行車跋涉八千公里，橫越整個美國。二十九歲，他創辦了一本雜誌，後來參與創辦《連線》雜誌，擔任創始主編。一九八四年，他在矽谷組織了全球第一次駭客大會。

也許只有這種反傳統的個性和遊俠精神，才能夠跳出森嚴而堅硬的體系，發現來自未命名世界的微弱衝擊波。一九九〇年，KK開始寫作《釋控》，那時，還沒有全球資訊網（WWW），網際網路尚處在實驗室的模擬階段，連電腦繪圖也很少見，但是，KK說：「機器正在生物化，而生物正在工程化。」

在《釋控》中，KK把人類歷史對自然的認識過程分爲四次「認知喚醒」：第一次是哥白尼——「地球不是宇宙中心」；第二次是達爾文——「我們是其他生物進化來的」；第三次是佛洛伊德——「我們不能完全主宰自己的意識」；即將到來的第四次，便是機器智慧的認知喚醒——「生物和機器的結合，無論生物還是機器，其實都是進化體」。

KK身處網路爆發地矽谷，《釋控》所要描述的是資訊化革命在軟體、硬體及系統領域的種種新突破，但是，他用了非常多的生物學和社會學知識及案例，這本書讀上去很像一本關於自然科學的書，甚至這本書的原文副標題直譯過來便是：「機器、社會系統和經濟世界的新生物學」。

把自然進化與人工進化並列而敘，符合KK對網際網路的本質性理解：它是一個失控的、不斷演化的生物體，世界將因此去中心化。

## 網路世界的生存特徵與競爭優勢

凱文・凱利從早年在印度馬路上的體驗和對蜂群的觀察中，得出了一個結論：生命是連接成網的東西，擁有自下而上分層級的去中心化分散式系統，生命和機械體本質上是相同的，都具備活系統。而只要是活系統，就具備自組織、自進化的能力。

他因此提出了自然界的「造物九律」：分散式狀態；自下而上的控制；培養遞增收益；模組化生長；邊界最大化；寬容錯誤；不求目標最優，但求目標眾多；謀求持久的不均衡；變自生變。

從自然界到同樣符合「九律」的網路產業，ＫＫ總結了四個基本生存特徵：

一、共生：便捷的資訊交換以允許不同的進化路徑彙聚在一起。

二、定向變異：非隨機變異及與環境的直接交流和互換機制。

三、跳變；層級結構和模組化，以及同時改變許多特性的適應過程。

四、自組織：具有自我進化和糾錯能力的發展過程。

在書中，ＫＫ一再強調非線性和連接的重要性，在他看來，單個進化體的價值，由他和這個系統連接的數量和品質來決定。未來所有的變革都將以出其不意的方式自下而上地爆發，因此，他引述了皮埃・阿博徹（Pere Alberch）的話：「我更關心那些空白的地方，那些能想像得到卻實現不了的形態。」

ＫＫ還發現了在網路環境下，某些與工業革命時代截然不同的競爭規律。

一、贏家通吃：在一個高度連接、高速運轉的資訊社會裡，一旦你順應趨勢又方法正確，那你的領先速度會變得非常快，將更容易進入爆發式的增長模式。

二、邊界突破：傳統的機會都存在於核心區，而未來擁有更多機會的地帶將是邊界，也就是行業與行業之間的邊緣地帶。未來的創新往往將會從行業與行業、板塊與板塊之間的激烈碰撞中產生。

在硬體部分，凱文・凱利天才地預見到了資訊顆粒度的最小化及因此帶來的改變。他認爲，在未來的某一天，我們穿的襯衫、建築物上的每一塊磚，都可能被植入一個矽晶片，從此，這個世界將「萬物互聯」。

讀到這裡，你應該會同意他在中文序言中的那份自得，雲計算、物聯網、虛擬實境、網路經濟、共生雙贏，這些網路熱詞的第一次出現都在《釋控》一書中。

在一九九〇年到一九九四年的四年創作時間裡，凱文・凱利的確掀起過未來女神的面紗，窺見到了某一些眞相。

## 失控，代表流動與不斷改變

厚厚的一本《釋控》，如果你靜下心來讀，其實並不枯燥。ＫＫ的文筆比托佛勒還優美，靈感四溢。他講了數百個故事和案例，有些來自一些冷僻的學術領域，更多的是他在公司實地調研時的觀感。全書的很多章節並不冗長，甚至更像是一則則隨筆。

原書名中「失控」（*Out of control*）既是一種存在的狀態，更是一次對既有秩序的破壞行動。所有的東西，都變成了另外的東西，所有的東西都是一種流動的狀態，都在不斷地改變。失控，因此成了網路人士發動革命的宣言和旗幟。

我見過凱文・凱利兩次，一次在矽谷，一次在北京。二〇一三年，他在北京與騰訊創始人馬化騰有一次對話。馬化騰問他：「KK，你認爲即將顛覆騰訊的那個企業是誰？」

KK開玩笑地說：「如果你現在給我一億美元，我就告訴你。」

接著他說：「即將消滅你的那個人，迄今還沒有出現在你的敵人名單上。」

我在現場的一角，分明能感受到撲面而來的「失控」氣場。

**閱讀推薦**

凱文・凱利值得推薦的書籍還有：

- 《必然》（*The Inevitable*）／凱文・凱利　著
- 《科技想要什麼》（*What Technology Wants*）／凱文・凱利　著

# 27 機器什麼時候戰勝人類？

## ——《奇點臨近》

我們有能力理解、模擬，甚至拓展自身的智慧，這便是人類與其他物種不同的一個方面。

——雷・庫茲威爾

在凱文・凱利出版《釋控》的十一年後，二〇〇五年，雷・庫茲威爾（Ray Kurzweil, 1948-）發表了《奇點臨近》（*The Singularity is Near*），他討論的是同一個話題：人類與機器的結合。

不過此刻，所不同的是，資訊技術在十年間日行萬里，網際網路不再是一個想像或實驗室裡的嬰兒，它已經革命性地改變了這個世界。

庫茲威爾把焦點放在了一個十分敏感的主題上：機器什麼時候戰勝人類？他預言，到二〇四五年，機器人的智慧將超越人類。

他把這一時刻稱爲：奇點。

## 奇點來臨的預言

奇點是一個既存在又不存在的點，它是天體物理學的概念，指的是宇宙「大爆炸」剛發生時的那一狀態。

與媒體人出身的艾文•托佛勒和凱文•凱利不同，庫茲威爾是一個擁有十三項榮譽博士頭銜的科學家，入選了美國國家發明家名人堂，獲得過全球最重要的發明獎項——萊梅爾遜（Lemelson-MIT）發明大獎。他自稱五歲的時候，就試圖建造一艘能夠駛往月球的火箭，比甘迺迪登月計畫要早八年。一九六〇年，十二歲的庫茲威爾第一次接觸到電腦，三年後，他設計出一款能幫助自己做作業的軟體。

步入職場後，庫茲威爾不斷地有新發明問世，世界上的首個電子音樂鍵盤就是他的傑作。在一九九〇年出版的一本關於人工智慧的專著中，庫茲威爾預測，在二十一世紀的前五十年，機器智慧可以媲美人類。

他的這個預測，聽上去十分荒誕，可是，在科學界卻是一個延續了數十年的雄偉計畫。早在一九六八年，美國科學家就曾祕密邀約國際象棋大師與電腦對弈，此後一直沒有間斷。一九九七年，IBM公司有一台超級國際象棋電腦「深藍」（Deep Blue），它重一二七〇公斤，有三十二個「大腦」（微處理器），每秒鐘可以計算兩億步棋。

一九九六年二月十日，「深藍」首次挑戰西洋棋世界冠軍卡斯帕洛夫（Garry Kasparov），以二勝四負落敗。一九九七年五月再戰，「深藍」以二勝一負三平獲勝，這場「人機大戰」轟動世界。

上述景象，在庫茲威爾看來，是一定會發生的事實。他在《奇點臨近》中提出了「加速回歸理論」，他認爲，我們已經完整地經歷了五次計算的範式（paradigm，指特定科技活動須遵循的公認模式）創新，分別是機械計算機、電子計算機、眞空管、電晶體和積體電路，著名的摩爾定律就是關於第五範式的規律洞見。如今，我們已經進入以人工智慧爲標誌的第六範式階段，技術發展的指數趨勢和性能增長的單位成本已遠遠超出摩爾定律的預測。

根據庫茲威爾的計算，超級電腦將在二〇一〇年前後達到與人類大腦性能相當的計算性能，在二〇二〇年前後，電腦的運算能力將媲美甚至超越人腦的水準，到二〇二七年，電腦將在意識上超過人腦，二〇四五年左右，「嚴格定義的生物學上」的人類將不存在。

他因此激情地預告：「我們的未來不是再經歷進化，而是要經歷爆炸。」

## 三種重疊進行的技術革命

計算速度以指數級加速，對人類意味著什麼？它指向兩個「終極問題」：機器有可能替代人類嗎？以及，人類有可能永生嗎？

庫茲威爾繼續用他極其繁複的公式、資料和圖表來爲我們尋找答案。

他認爲，未來將發生三種重疊進行的革命，他稱之爲GNR，即基因技術（G）、奈米技術（N）和機器人技術（R）：

**基因技術**：透過理解資訊在生命中的處理過程，我們開始學習改造自身的生物特徵，以消除疾患，激發潛能，從根本上擴張生命的力量。

**奈米技術**：將使我們可以重新設計和重構身體和大腦，以及與人類休戚相關的世界，並可以突破生物學極限。

**機器人技術**：這是最具威力的革命，具有智慧的機器人脫胎於人類，經過重新設計後，機器人的能力將遠遠超過人類所擁有的能力。

庫茲威爾認爲，我們目前正處在逆向設計生命與疾病內在資訊處理的初級階段。如果排除特定的醫學上一般可以預防的情況，人類壽命可超過一百五十歲，如果能預防九〇%的醫學問題，則可超過五百歲，如果預防率達到九十九%的話，我們可活過一千歲。同時，GNR還可能讓人類的存活方式向非生物化探索，那就是大腦移植方案——透過掃描人腦，捕捉所有主要細節，然後將人腦的狀態重新產生實體到一個不同的、可能更強大的電腦中，由此，人類將在意識的意義上獲得永生。

美國的人工智慧研究者侯世達（Douglas Richard Hofstadter）認爲：「人類的大腦沒有能力理解本身的智慧，這也許只是命運中的一個意外。」然而在今天，這個「意外」有可能被技術克服。

庫茲威爾大膽地預測：「這將是一個可行的步驟，並且最有可能出現在二十一世紀三〇年代末……我們將不再需要把死亡合理化爲給予生命意義的主要辦法。」

## 哈利波特的世界也許會被實現？

閱讀《奇點臨近》，是一次暢快淋漓的燒腦體驗，它彷彿打開了一扇又一扇神祕而安靜的實驗室小門，讓你窺見科學家們正在做著什麼，而這些工作又將以怎樣的方式改變我們的生命、生活和整個世界。

庫茲威爾在書中舉例說，也許在不久的將來，J. K.羅琳（J.K. Rowling）在《哈利波特》（*Harry Potter*）中描述的所有魔法都會變成事實：透過奈米設備，小說中的「魁地奇」運動以及將人或物體變成其他形式的行爲，在全沉浸式的虛擬實境環境中，將被實現。事實上，在過去的十多年裡，人工智慧的發展速度超出所有科學家的預計，而它對人類工作的替代和協同效應也開始清晰地呈現出來。

在二〇一五年四月，蘋果公司發布二〇一五年第一季財報。沒過幾分鐘，美聯社的報導〈蘋果第一季度營收超華爾街預測〉（*AppletopsStreet1Qforecasts*）出爐，這篇行文流暢的報導是由「機器人記者」完成的，它每一季能寫出三千篇這樣的報導，同時對美聯社的寫作風格瞭若指掌。

二〇一六年三月，谷歌的智慧型機器人阿爾法（AlphaGo），毫無懸念地擊敗了圍棋世界冠軍李世石。二〇一七年十月，沙烏地阿拉伯給一個叫索菲亞（Sophia）的「女性」機器人頒發了第一張「人類身分證」。

科技突飛猛進，很容易滋生唯科學論，即認爲「科學的發展不再爲了某個特定目標，它自己就是最終目的」。作爲一個當代科學家，庫茲威爾並不持有如此絕對的態度。在《奇點臨近》中，他同時對技術進步的後果進行思考。他警告說，新生物工程可能帶來病毒的潛在威脅，奈米技術可能引發自我複製的危險，而隨著超越人腦的機器人出現，我們如何免遭侵襲？

與此相關，還將誘發出更多社會和倫理意義上的討論：在未來，什麼是工作？我們還需要愛情和家庭嗎？國家將是什麼？現實與虛擬世界，到底哪個是眞實的？如果死亡消失，我們又將如何安置靈魂？

庫茲威爾沒有能力回答上述的任何一個問題。不過，他在《奇點臨近》中陳述了自己的觀點，他寫道：

事實將證明，我們始終是「中心」。我們有能力在大腦中創造模型來虛擬實境，憑藉這種能力再加上一點前瞻性的思考，我們就足以迎來又一輪進化：技術進化。這項進化使得物種進化的加速發展過程一直延續，直到整個宇宙都觸手可及。

**閱讀推薦**

英國物理學家史蒂芬・霍金（Stephen Hawking）在去世前對人類的最後一個警告就是，警惕人工智慧對文明的衝擊後果。他有一本很薄的書，我從來沒有讀懂過，但一直不敢從書架上清理掉：

- 《時間簡史》（*A Brief History of Time*）／史蒂芬・霍金　著

# 28 一組動聽的全球化讚歌

## ——《世界是平的》

世界變平的過程是發生在我的惡夢過程中的，我錯過了這一過程。我不是真的睡著了，但是我在忙碌之中錯過了它。

——湯馬斯・佛里曼

一九九七年十二月初，泰國政府宣布關閉五十六家金融機構，東亞金融危機爆發。第二天清晨，《紐約時報》記者湯馬斯・佛里曼（Thomas Friedman, 1953-）坐計程車路過曼谷的金融街，每經過一家大門緊鎖的銀行，司機就喃喃自語道：「垮了……垮了……垮了……」「我當時並不明白其中道理，其他人也不知道，這些泰國銀行成了新的全球化時代的第一次全球金融危機中的第一塊多米諾骨牌。」佛里曼後來在自己的著作中如此寫道。

佛里曼是當今世界讀者最多的商業記者之一，他每週兩次固定發在《紐約時報》的國際事務專欄，被七百多家媒體採購轉載。從一九七一年起，他就在中東從事採訪工作，之後常年駐點印度，曾三次獲得普立茲新聞獎。他的主要著作包括「全球化三部曲」：《了解全球化》（*The*

*Lexus and the Olive Tree: Understanding Globalization*）（一九九九年）、《世界是平的》（*The World is Flat*）（二〇〇五年）和《世界又熱、又平、又擠》（*Hot, Flat, and Crowded*）（二〇〇八年）。

其中，《世界是平的》被《紐約時報》和《商業週刊》評爲年度圖書，並在很長時間裡占據亞馬遜圖書排行榜第一名。這個書名成了全球化論者和網路人的一個標誌性熱詞。

## 讓世界變平的十大動力

「地球是圓的」這個驚人的事實，是一四九二年哥倫布在大航海時發現的。五百多年後，佛里曼在印度的「矽谷」班加羅爾採訪，他走訪的每個公司都與全球的其他企業或市場相關，每項技術或任何商業模式，都得到其他企業的支持和啓迪，甚至，他在當地的電話客服中心能聽到美國式口音，有很多印度青年給自己取了一個美國名字。

他對居住在紐約的太太說：「親愛的，我發現這個世界是平的。」那麼，世界是如何被碾平的？佛里曼提出了十大動力。

他把第一大動力，定格在當代政治史的那個地標性時刻——一九八九年十一月九日，柏林圍牆倒塌。正是從那一天起，持續了近半個世紀的冷戰結束了，意識形態的鐵牆轟然倒塌，資本、人才、技術與產品開始加速地流通。

第二大動力，便是網路經濟的崛起，也就是艾文•托佛勒所定義的第三波時代的到來。「個人電腦、傳眞機、Windows 作業系統和數據機的廣泛應用，都是在二十世紀八〇年代末和九〇年代初，這些都是啓動全球資訊變革的基本平臺。」一九九一年，全球資訊網閃耀登場，與網際網路合二為一，使用者以指數級的速度遞增，五年之內，網路用戶從六十萬人上升至四億人。

在市場和資訊全球化的革命性前提下，佛里曼把「工作流軟體」視為第三大動力，它指的是商業公司透過新的標準和交互工具，得以實現勞動資源的重新分配，由此創造出一個具有多種合作形式的全球新平臺。

他認為：「這是世界變平的創世紀時刻，這意味著一切都開始成型。」

在個人知識分享層面，佛里曼受到凱文・凱利的啓發，把「上傳」視為第四大動力。二十世紀九〇年代之後出現的開放源社區、部落格和維基百科等商業模式，把知識傳播的權力讓渡給平民，徹底摧毀了知識傳播的等級結構和巴比倫塔。

上述四大動力，可以說是勾勒了「世界變平」的政治和資訊基礎設施的新格局，其他的六大動力是在這一基礎上的重要應用，它們包括：外包、離岸經營、供應鏈優化、內包、搜索服務和移動辦公。

## 重新改變世界的三大力量

全球化這個名詞並不新鮮，而佛里曼試圖將之「版本化」。在他看來，全球化一・〇發生在國家之間，全球化二・〇發生在跨國企業之間，而已經到來的全球化三・〇則是發生在個人之間的合作。隨著顆粒度越來越小，公民在政治和商業行動上的主動性將越來越大，從而把世界推平。

他還提出一個有趣的「金拱門理論」：凡是有麥當勞的國家之間，不會發生戰爭。理由是：「當一個國家的經濟發展達到一定的水準，國內中產階層實力足以支撐起麥當勞的服務網路，這個國家就成了一個『麥當勞國家』。『麥當勞國家』的人們是不希望發生任何大規模戰爭的，他們寧願選擇排長隊等候漢堡。」

與此類似的，還有「戴爾衝突防治理論」。他以臺海危機爲例，由於戴爾（Dell）這樣的跨國公司在臺灣海峽兩岸都有投資，因此爆發戰爭的可能性非常小。

在二〇〇五年出版《世界是平的》之後，佛里曼迅速地進行了兩次版本的升級——其迫切程度宛如科技創新的迭代速度，在接下來的《世界又熱、又平、又擠》一書中，他大幅增加了對環境保護問題的研究論述，在他看來，「我們正處於地球上三種最大力量的同時加速中——摩爾定律、氣候變化和市場，而這將交互作用，正在重新改變世界」。

## 平了的世界又將崎嶇不平

佛里曼是一個樂觀的全球化主義者，他的三部曲作品可以說是一組動聽的全球化讚歌。不過自二〇〇八年之後，科技創新雖如他所預見的一樣飛速發展，「十大動力」一一發動，可是全球化經濟卻出現了停滯的景象，柏林圍牆倒塌二十多年後，出現了「墨西哥牆」。

他的「金拱門理論」也被證僞。在二〇一八年，土耳其有兩百五十五家麥當勞餐廳，黎巴嫩有三十三家，約旦有二十八家，沙烏地阿拉伯有兩百二十四家，但是這些「麥當勞國家」並沒有因此化解了仇恨，停止戰爭衝突。

他關於全球化模式的演繹，看上去也帶有濃厚的美國優先主義色彩。

比如，他在書中以美國與中國爲例，試圖說明產業協同與資源整合的場景：假設這個世界只有兩個國家——美國和中國。

假設美國經濟體系中只有一百個人，其中八十個人受過良好的教育，二十個人受教育程度較低，工作技能較差。接著設想世界已經變得平坦，美國已經和中國簽署了自由貿易協定。此時的中國有一千個工人，但中國是個發展中國家，所以在這些工人當中，只有八十個人接受過良好的教育，其他九百二十個人都是非熟練勞動力。

在美國和中國簽署自由貿易協定以前，美國的市場上只有八十個掌握較高技術水準的工人；協定簽署之後，世界範圍內掌握較高技術水準的工人人數增加到一百六十人。因此，八十個美國人會感覺他們面臨的競爭更加激烈，事實確實如此。但隨後，美國得到的好處卻是一個大大擴展的、更加多樣化的市場。原來一百人的市場擴張到一千一百人，需求大量上升。所以對於中美雙方的熟練勞動力而言，這是一個雙贏的結果。

佛里曼沒有納入的一個變數是：在接下來的時間裡，擁有較高技術水準的中國工人數量可能會陡增，直至超過美國全部工人人數，這個時候，中國就可能對市場的配置權提出新的要求，而美國就可能對「熟練技術」的輸出製造障礙。

而這正是二〇一八年四月，中美貿易戰爆發的導火線。

所以，歷史尚未終結，被碾平了的世界又將重新崎嶇不平起來。勤奮的湯馬斯•佛里曼還在繼續寫作。

## 閱讀推薦

湯馬斯・佛里曼三部曲：

- 《了解全球化》／湯馬斯・佛里曼 著
- 《世界是平的》／湯馬斯・佛里曼 著
- 《世界又熱、又平、又擠》／湯馬斯・佛里曼 著

# 29 百分之九十九的人將成無用之人？

## ——《人類大命運》

當社會發展到神聖的意志講不下去的時候，現代宗教就是人文主義，而現在，人文主義也可能講不下去了，因為未來是AI的時代。

——尤瓦爾．哈拉瑞

上一次，知識界以空前的雄心，全景式地重新敘述人類史，是在兩百年前的十九世紀。工業革命的爆發讓一代學者抱持著對科技進步堅定不移的信念，用全新的哲學思想和歷史斷代方式，塑造自我，告別先人。

二十一世紀開始的這些年，我們重新看到了這一雄心的回歸。它的誘因仍然是科技的突破，尤其是網際網路、人工智慧及基因革命所帶來的要素突變，讓人們有足夠的空間想像未來，並重新敘述歷史。

所不同的是，兩百年前的那代人，對自己充滿了自信，而這一代人，則是被機器替代的恐懼所纏繞。

二〇一四年，法國的七〇後經濟學家托瑪・皮凱提出版《二十一世紀資本論》，轟動知識界。在以色列，有一位比他更年輕的學者尤瓦爾・哈拉瑞（Yuval Harari, 1976-），在二〇一二年和二〇一六年相繼出版了《人類大歷史：從野獸到扮演上帝》（*Sapiens: A Brief History of Humankind*）和《人類大命運：從智人到神人》（*Homo Deus: A Brief History of Tomorrow*），在更長的時空範疇內，對人類演化史進行了自成體系的敘述。

## 認知革命帶來的優勢

在宏大敘事中，對一位學者的挑戰不是來自專科能力，而是跨學科的知識儲備、獨特的敘事視角及對長波段歷史的天才洞察。

尤瓦爾・哈拉瑞是牛津大學的歷史學博士，他以極大的勇氣把人類學、生物工程學、政治學和當代科技諸學科融匯一爐，從容地完成了別人不敢啓動的巨大工程。在他的著作中，並沒有獨家的史料披露，但卻帶給你「重新發現」的知識樂趣。

譬如關於人類的起源，在三十萬年前，地球上出現了幾支獨立繁衍的種族——直立人、智人和尼安德塔人，他們的智力水準相當，都學會了用火，其中，尼安德塔人最爲強壯和不怕寒冷。但是，到了七萬年前，最終是智人脫穎而出，其他人種滅絕了。

哈拉瑞提出了一個饒有趣味的問題：智人征服地球的原因是什麼？

他的答案是：認知革命。智人並不是最強壯的，但是他們率先擁有了語言，從而學會了團隊作戰，此外，他們還形成了「討論虛構事物」的能力，進而誕生了信仰和宗教，增強了認同感和凝聚力。

哈拉瑞的解釋，在歷史學界肯定不是一個創見，但是對於普通讀者來說，卻充滿了現代感，甚至可以用其來解釋自己的生活和工作。

再譬如，在一七七五年，亞洲經濟總額占了全球經濟總額的八成，中國和印度的生產總量占全球的三分之二，同時還擁有遼闊的疆域和最多的人口，但是，爲什麼在後來的競爭中，反倒是「處在世界偏遠角落、氣候還凍得讓人手指僵硬」的歐洲成了最終的勝出者？

哈拉瑞的答案，仍然是認知革命。歐洲形成了民主平等的價值觀，以及與之配套的司法系統和社會政治結構，在此基礎上誕生了科學精神，機器和槍砲是競爭力的體現，而不是原因。

## 只有一%的人將進化成「神人」

在《人類大命運》一書中，哈拉瑞由七萬年前的智人出發，提出了一個新的人種概念：「神人」（homo deus）。

他認爲，千百年來，人類一直面臨三大重要生存課題——饑荒、瘟疫和戰爭，而這些課題在二十一世紀都呈現消失的趨勢。隨之而發生的新事實是，人類爲解決這些危機提出的很多概念其實已經或者正在消亡，比如宗教和國家觀念。

今天的人類又處在了一個新的巨變的前夜：從地球上誕生生命直到今天，生命的演化都遵循著最基本的自然進化法則，所有的生命形態都在有機領域內變動。但是現在，人類第一次有可能改變這一生命模式，進入智慧製造和設計的無機領域。

那麼，新出現的人類共同議題是什麼呢？哈拉瑞將之總結爲三項：長生不死、幸福快樂和化身爲「神人」。

作爲一個年輕的歷史學家，哈拉瑞的答案幾乎完全來自凱文・凱利和庫茲威爾等人對新科技的描述：「人工智慧和生物基因技術正在重塑世界，人類正面臨全新議題。生命本身就是不斷處理數據的過程，生物本身就是演算法；電腦和大數據，將比我們自己更瞭解自己。」

更進一步的是，哈拉瑞對於新科技對人類職業現狀的挑戰給出了更爲驚悚的預言。他在書中描述：「隨著大數據的不斷積累以及計算能力的快速發展，未來人類可能會越來越多將自身的決策權讓位給無意識的演算法，讓演算法替自己決定該買什麼東西，應該接受什麼治療以及應該和誰結婚。人工智慧將比絕大多數人更擅長察覺人類的情緒波動，也更會創造藝術。他們可能自身沒有任何情感，卻在分析，甚至掌控人類的情緒上，更勝人類一籌。」

在這一大變革中，除了那些從事標準化工作的勞動者之外，甚至律師、教育、顧問、醫生這些行業人群的工作也很容易被人工智慧擠走。

最終，他得出的結論是：未來，只有一%的人將完成下一次生物進化，升級成新物種——「神人」，而剩下九十九%的人將徹底淪爲無用階級。

## 面對未來，應當少接收一點資訊

沒有一個歷史學家是樂觀主義者，年輕的哈拉瑞也不例外。

他認爲，人類的兩難困境是自己造成的，而且迄今未找到解藥。「一方面，我們也想打破那些限制金錢和商業流動的社會大壩；但另一方面，我們又不斷築起新的大壩，希望保護社會、宗教和環境免受市場力量的奴役。」

在《人類大歷史》的最後，他不無悲觀地寫道：「擁有神的能力，但是不負責任，貪得無厭，而且連想要什麼都不知道，天下危險，恐怕莫此爲甚。」

儘管對新科技革命深信不疑並充滿了巨大的期待，但是，出人意料的是，哈拉瑞竟從來不用智能手機。

在中國的一次公開演講中，有讀者問他：「面對這些挑戰和慘澹的未來時，我們，這些普通的民眾，到底應該做什麼？」

他回答說：「你應當少接收一些資訊。」

在日常生活中，哈拉瑞堅持每天花兩小時冥想，在他看來：「智慧用於解決問題，意識用於感知事物，如痛苦、快樂、愛與恨，這兩者並存於哺乳動物。而無意識具備高度智慧的演算法，可能很快就會比我們更瞭解我們自己。」

哈拉瑞的著作廣受全球年輕讀者的歡迎，他在中國北京 XWorld 的演講有一百二十萬人線上收看。但是也有嚴肅的媒體不以爲然，《經濟學人》雜誌就公開嘲諷他的書膚淺而聳人聽聞。

不過，哈拉瑞剛剛四十出頭——這對於一位歷史學家而言，實在是太年輕了，他似乎對此早有心理準備。

他寫道：「人工智慧的技術毫無疑問會改變我們的世界，但是我們未來的社會究竟怎樣，有很多選擇，但不是完全由技術來決定的，一切都懸而未決。」

也就是說，如果你不喜歡他預想的這個世界，那麼，就應該用自己的行動去改造它。

**閱讀推薦**

哈拉瑞的〈人類三部曲〉：

- 《人類大歷史：從野獸到扮演上帝》／尤瓦爾・哈拉瑞　著
- 《人類大命運：從智人到神人》／尤瓦爾・哈拉瑞　著
- 《二十一世紀的二十一堂課》（*21 Lessons for the 21st Century*）／尤瓦爾・哈拉瑞　著

第四部分

# 無法終結的歷史與思想

無論是新世界的美國還是老歐洲的法國，
自由、民主與平等，從來不會很和諧地天然存在，
它們之間甚至可能會爆發難以調和的衝突。
任何試圖建設一個天堂的理想和主義，
最終都將不可避免地奔向它的反面。

# 30 如何攻陷內心的巴士底監獄？

## ——《舊制度與大革命》

我只能考慮當代主題，實際上，公眾感興趣、我也感興趣的只有我們時代的事。

——阿勒克西・德・托克維爾

阿勒克西・德・托克維爾（Alexis-Charles-Henri Clérel de Tocqueville, 1805-1859）是卡爾・馬克思的同時代人。在他們的動盪人生中，歷時半個多世紀的法國大革命既是他們親歷的當代史，也是他們學說的時代之錨。當馬克思在一八四八年起草《共產黨宣言》的時候，托克維爾參與了第二共和國憲法的制定，並一度出任內閣的外交部部長。

與同時代的歐洲政經學者最不同的是，在托克維爾的學術座標中多了一個新世界的維度，那就是對美國的研究。他的一生寫了兩部著作，一是一八三五年出版的《民主在美國》（*De la Démocratie en Amérique*），二是一八五六年出版的《舊制度與大革命》（*L'Ancien Régime et la Révolution*），它們隔著一個大西洋，互相呼應，其思想的光芒迄今未熄。

## 受美國啓迪的自由思想

在中國人的印象中，美國與西方大約是畫等號的，不過在經典的歐洲學者那裡，美國是一個「他者」，甚至是一種癌症般的存在。

早在托克維爾的時代，美國式的商業文明就已經被歐洲知識分子所厭惡，它被認爲是利己主義和拜金主義的溫床。一八六〇年，艾德蒙・龔古爾（Edmond de Goncourt，他因創辦龔古爾文學獎而聞名）在評論新建的巴黎城時就不無失落地寫道：「這讓我想起了那些未來的美國的繁華都市。」

這一情緒後來還被寫進了一本法國的中學生歷史讀本中，作者督促年輕的歐洲青年思考：「美國正在變成世界的物質中心，歐洲的知識份子和道德中心的地位還能維持多久？」

托克維爾出生於法國諾曼第地區的一個貴族家庭，當過律師和法官，他在政治上傾向自由主義，曾拒絕繼承家族的貴族頭銜。一八三一年四月，因與當時的共和政府不合，托克維爾請求赴美避難，有了九個月的考察美國的時間。

在當時，幾乎沒有一位著名的歐洲學者認眞地研究過美國，關於美國的學術資料十分稀缺，這倒給了托克維爾一個機會。律師出身的他發揮實證調研的專業能力，以田野調查的方式展開了自己的觀察。《民主在美國》的大部分資料來自他的第一手接觸和收集。

在郵輪到達港口的時候，托克維爾買了一份當地的報紙，入眼的第一篇文章就是對時任總統安德魯・傑克遜（Andrew Jackson）的激烈抨擊，這讓他對美國的新聞自由留下了深刻的印象：「出版自由在民主國家比在其他國家更爲珍貴，只有它可以救治平等可能產生的大部分弊端。」

在美國期間，托克維爾對三權分立下的政府運轉制度進行了重點的研究，特別是聯邦政府與州政府之間的制衡和分權模式，在他看來，美國之偉大不在於她比其他國家更為聰明，而在於她有更多能力修補自己犯下的錯誤。

托克維爾接觸了很多民間的社團，從而對結社自由有了新的認知，他在書中寫道：「各種政治的、工業的和商業的社團，甚至科學和文藝的社團，都像是一個不能隨意限制或暗中加以迫害的既有知識又有力量的公民，他們在維護自己的權益而反對政府的無理要求的時候，也保護了公民全體的自由。」

事實上，托克維爾在探討的是一個正在生成中的現代「公民社會」的母命題：民主、平等與自由的關係。

作爲一個來自正在經歷一場血腥的政治大革命國度的青年學者，獨立運動後的美國給予了托克維爾一個陌生的體驗和觀察視角。他很坦誠地自我解剖：「在思想上我傾向民主制度，但由於本能，我卻是一個貴族——這就是說，我蔑視和懼怕群眾。自由、法制、尊重權利，對這些我極端熱愛——但我並不熱愛民主……我無比崇尚的是自由，這便是眞相。」

## 民主、平等與自由，如何降臨人間？

《民主在美國》讓三十歲出頭的托克維爾暴得大名，歸國後的他成了眾議院議員，還是法蘭西學院最年輕的院士。在二十一年後，他寫出了《舊制度與大革命》。

此時，開始於一七八九年的法國大革命行將落幕，歷史正需要一位親歷者對之「結案陳詞」，而托克維爾似乎是合格的候選人。他已是一個老資格的政治家了，曾身處五個「朝代」，從法蘭西第一帝國、波旁王朝、七月王朝、第二共和國到法蘭西第二帝國，經歷了議政、修憲、當部長、以「叛國罪」被逮捕等榮耀與挫折。

在《舊制度與大革命》一書中，作者關注的主題，仍然與青年時代的自己並無不同：民主、平等與自由，到底將以怎樣的方式降臨人間？

托克維爾首先充分肯定了法國大革命的歷史地位，認爲它是迄今最偉大、最激烈的革命，代表了法國的「青春、熱情、自豪、慷慨和眞誠的年代」。大革命的任務即便沒有完成，但它已經導致了舊制度的倒塌。

他進而尖銳地分析，在法國，對自由的要求晚於對平等的要求，而對自由的要求又首先消失，結果要求獲得自由的法國人最終加強了行政機器，並甘願在一個主子下過平等的生活。在大革命時期，人們一次次以民主的名義推翻了獨裁者，卻迅速地建立起更爲專制的政權。法國大革命似乎要摧毀一切舊制度，然而大革命卻在不知不覺中從舊制度繼承了大部分情感、習慣、思想，一些原以爲是大革命成就的制度其實是舊制度的繼承和發展，連這些制度的弊病本身也成了它的力量。

托克維爾不無悲哀地寫道：「看到中央集權制在本世紀初如此輕易地在法國重建起來，我們絲毫不必感到驚異。一七八九年的勇士們曾推翻這座建築，但是它的基礎卻在這些摧毀者的心靈裡，在這基礎上，它才能突然間重新崛起，而且比以往更爲堅固。」

托克維爾的分析並非憑空而論，就如同年輕時的自己，他查閱和引用了大量的第一手檔案資料。除了非常嫻熟的政治領域之外，在涉及經濟制度的部分，他援引的原始資料，包括土地清冊、賦稅簿籍、國有資產出售法令和三級會議記錄等等，在某種意義上，他可以說是第一代制度經濟學家。

他的這些聲音淩空而下，尖利而莽撞，並不為人們所喜。在給妻子的信中，他就曾經自嘲說：「我這本書的思想不會討好任何人……革命家會看到一幅對革命的華麗外衣不感興趣的畫像，只有自由的朋友們愛讀這本書，但其人數屈指可數。」

## 人們心中會一再重建巴士底監獄

托克維爾曾言：「我只能考慮當代主題，實際上，公眾感興趣、我也感興趣的只有我們時代的事。」

那麼，為什麼只關心當代的他到了一百多年後的今天，仍然值得我們一再閱讀和討論？答案只能是——托克維爾的「當代」，也正是我們的當代。

正如同他所陳述的，物理意義上的巴士底監獄會被一次次地攻陷和摧毀，但是人們心中的巴士底監獄卻可能更為頑強地一再重建。無論是新世界的美國還是老歐洲的法國，自由、民主與平等，從來不會很和諧地天然存在，它們之間甚至可能會爆發難以調和的衝突。任何試圖建設一個天堂的理想和主義，最終都將不可避免地奔向它的反面。

「自由，自由，多少罪惡假汝之名以行。」

托克維爾的法國前輩羅蘭夫人（Madame Roland）的呼喊穿越時空，百年以降，亞非歐美，各色人等，竟從未被證偽。

## 閱讀推薦

法國大革命以無比動盪和血腥的方式，實驗了現代政治制度的多種模式和社會承受的深度。推薦：

- 《法國大革命反思錄》（*Reflections on the Revolution in France*）／艾德蒙・伯克（Edmund Burke） 著
- 《法國大革命前夕的輿論與謠言》（*Dire et mal dire: L'opinion Publique au XVIIIe Siècle*）／阿萊特・法爾熱（Arlette Farge） 著

後者研究的事件啓發了杜斯妥也夫斯基的《罪與罰》。

# 31 一位歐洲共產黨員的歷史書寫——〈年代四部曲〉

我們不知道自己正往何處去，我們只知道，歷史已經將世界帶到這個關口，以及我們所以走上這個關口的原因。

——艾瑞克‧霍布斯邦

霍布斯邦（Eric Hobsbawm, 1917-2012）的人生似乎是爲「歷史學家」量身定制的：動盪、激情且長壽，缺一不可。

他出生於第一次世界大戰戰況最慘烈的一九一七年，是一個猶太人。他的出生地是埃及亞歷山大城——曾經是世界上最大的海港城市和第一家圖書館誕生地，父親是俄國猶太後裔，母親來自中歐。童年時，他生活在奧地利的維也納，後來又到了德國柏林。

青年的霍布斯邦目睹了希特勒的上臺，一九三三年，他隨父母遷居英國，中學畢業後進入劍橋大學歷史系就讀。

他在大學期間加入了英國共產黨，至死沒有放棄這一政治身份，應該是黨齡最長的歐洲共產黨員。他是英國共產黨的活躍份子，這讓他在學術界的存在一直十分艱難。

一九六一年，在倫敦大學當歷史課講師的霍布斯邦著手寫一本關於法國大革命和英國革命的書，沒有料到，這竟成爲一項綿延長達三十年的創作計畫。他先後完成了四部一脈相承的通識類史書：

《革命的年代：1789-1848》（*The Age of Revolution: 1789-1848*）
《資本的年代：1848-1875》（*The Age of Capital: 1848–1875*）
《帝國的年代：1875-1914》（*The Age of Empire: 1875–1914*）
《極端的年代：1914-1991》（*The Age of Extremes: The Short Twentieth Century, 1914-1991*）

他的〈年代四部曲〉，被公認爲「英語作品中近現代世界史的最佳入門讀物」。

二〇二〇年十月，他在倫敦的家中安靜離世，享年九十五歲。此時的歐洲和世界，與他出生時相比已面目全非。他在生命的最後時刻還從容完成了自傳，書名宛如一篇語文課堂上的作文——《趣味橫生的時光》（*Interesting Times*）。

## 經濟變化塑造了現代世界

霍布斯邦把一七八九年當成是文明新紀元的肇始之年，他把那一年爆發的法國大革命和同時期發生的英國工業革命稱爲「雙元革命」。這樣的定義，呈現出歐洲在政治文明和商業文明的同步突破。

比霍布斯邦稍長一輩的法國歷史學家費爾南・布勞岱爾（Fernand Braudel）提出過「世界時間」這一概念，他認為，人類文明的進步並不均衡地發生在地球的每一個地方，相反，它只出現在少數的兩到三個地方，而這些地方所呈現的景象代表了那個時期人類文明的最高水準。在《革命的年代》中，霍布斯邦描述了發生在法英兩國的革命是如何醞釀、爆發和蔓延的，最終為日後世界的轉軌提供了激進民主政治的所有語彙和問題，以及經濟大躍進的全部動能。在這一激動人心的大圖景中，幾乎沒有涉及中國和日本，印度和埃及則是以被殖民和被改造物的面貌出現。

《資本的年代》和《帝國的年代》，描述了一八四八年《共產黨宣言》發表後到第一次世界大戰爆發前的世界歷史。在這一時期，資產階級替代貴族和神權，成為文明社會的新主角，火車、汽船等新科技將場景從歐洲拉至地球上的每一個角落。掌控資本與科技的勝利者，主宰了抱持傳統的失敗者。大批農民遠離淪為商品的土地，流向城市、工業，在無垠的環境裡緩慢凝結其工人意識。

在經歷了一八七五年的經濟危機後，資本與權力妥協和勾結，世界史悄悄滑入了帝國的年代。其後的半個多世紀，是真正意義上的「歐洲人的時間」，從一八七六年到一九一五年，地球上大約四分之一的陸地，是在六、七個國家之間被分配或再分配的殖民地。英國統治了亞非拉的諸多土地，號稱「日不落帝國」，法國的領土增加了三百五十萬平方英里（一平方英里約等於二點五九平方公里），德國、比利時各獲得一百萬平方英里。

作為一個受過嚴格歷史訓練的左翼學者，霍布斯邦不可多得地兼具了理性的敘述力和感性的同情心，這讓他的文字充滿了邏輯思辨和動人的底層關懷。他站在唯物主義的立場，對革命抱持了謳歌和警惕：革命帶來的後果遠遠超過最初革命的宣導者和煽動者（的預期），這點上，革命吞噬了自己的孩子。

與此同時，他尤其強調經濟在社會變革中的決定性作用。如他的英國同行晚輩尼爾・弗格森所評論的：「霍布斯邦的作品優雅、明晰，同情小人物，喜歡講述細節。我和他都認爲，是經濟變化塑造了現代世界，他站在工人階級和農民一邊，我站在資產階級一邊，但這並不妨礙我們的友誼。」

## 歐洲由主角重新成爲配角

在〈年代四部曲〉中，字數最多，作者也自視最重的是最後一部——《極端的年代》。霍布斯邦在前言寫道：「任何一位當代人欲寫作二十世紀歷史，都與他處理歷史上其他任何時期不同。不爲別的，單單就因爲我們身處其中。」

他把十九世紀稱爲「漫長的世紀」，而二十世紀則是一個「短暫的世紀」——它分爲陷入全面戰爭及其威脅的災難三十年、兩極冷戰對峙但世界經濟快速發展的黃金三十年，以及全球混亂無序的危機二十年。霍布斯邦所謂的「極端」，即顯現爲大規模戰爭和意識形態鬥爭的冷酷性，同時更包含著「歷史意識的萎縮與退卻」。

據他在自傳中的記載，《極端的年代》一書是他在美國史丹佛大學授課期間完成的，這對於一個英國歷史學家和歐洲共產黨員而言，很有點隱喻的意味。

這本書所記錄的二十世紀的歷史，就是他所信仰的主義經歷考驗的一百年，也是他所在的英國和歐洲由歷史演進中的主角重新向配角滑落的全部過程。一八九〇年，歐洲GDP的全球占比爲四〇%，到二〇一〇年時已經不到二〇%，與一七〇〇年的水準大致相當。

這自然讓霍布斯邦百味雜陳。

他對美國有著非常複雜的微妙感情，在政治立場上，他是美國體制的批判者，他嘲諷說：「美國的制度被套上了一部由十八世紀憲法織成的緊身衣，再加上兩個世紀以來由律師們（亦即合眾國的神學家們）宛如注釋經典一般所做出的牽強解釋，結果在二〇〇二年時幾乎比世上任何國家的制度都要僵硬。」

但是，他對美國在這一百年裡的進步和磐石般的作用卻不敢輕視，他看到了有別於老歐洲的創新精神，以及洋溢在新大陸的對人性解放的寬容。就個人而言，他是爵士樂的瘋狂愛好者，還專門寫過一本《爵士風情》（*The Jazz Scene*）的小書，他感慨道：「如果我們對美國的認識來自其他任何方面的話，那就是科技和音樂。」

## 歷史學家的怪誕癖好

作爲一個「至死不渝」的共產黨人，霍布斯邦的政治身份讓他既頗受排擠，也更爲引人注目。在二戰後的十年時間裡，他當過英國共產黨「歷史學家小組」的主席，他的私人信件常被拆看，教職升遷遭到拖宕，直到一九八七年，美國政府堅持不發護照給他。

不過對他本人而言，他對共產黨員的歷史觀、立場和身份做了清晰而微妙的區隔。在〈年代四部曲〉中，唯物史觀——他自稱爲新社會觀，是一個貫穿始終的學術視角，在立場上，他始終站在工人、農民這邊，至於黨員身份，他有時候會自嘲是「歷史學家的怪誕癖好」。

關於他終身不曾放棄的信仰，霍布斯邦認爲：「有兩種社會主義，一種是作爲宣傳的社會主義，任何經濟體都需要——在這個意義上，社會主義是一個奮鬥的目標，而不是現行機制；另一種是實際存在的社會主義，包括中國，它不是事先規畫出來的，而是一點一點『生長』出來的。」

霍布斯邦曾於一九八五年到訪中國，在社科院與中國學者有過交流，其間，他正在寫作《極端的年代》。這部書中部分關於中國的章節，在翻譯引進時被悄無聲息地刪除。

**閱讀推薦**

一位英國共產黨員寫出了最好的近現代通史，而關於當代歐洲最好的歷史讀本，推薦出生於倫敦而執教於紐約大學的東尼．賈德（Tony Judt）的作品：

- 《戰後歐洲六十年 1945-2005》（全四卷）（*Postwar: A History of Europe since 1945*）／東尼．賈德 著

# 32 發明了「中美國」概念的英國人

——《巨人》

這個世界需要的乃是一個崇尚自由的帝國——也就是一個不僅保障商品、勞動力和資本自由交易的帝國，而且還是一個能夠創造種種條件並為其提供支撐的帝國。

——尼爾・弗格森

一九六一年，當失意的霍布斯邦著手創作《革命的年代》的時候，離尼爾・弗格森（Niall Ferguson, 1964-）出生還有三年。而當《極端的年代》發表之時，後者已成爲歐洲歷史學界最引人注目的「小王子」。

很多人說，歷史是無法假設的。但弗格森不這樣認爲，他的第一本書就是關於「歷史的假設」：如果英國大革命沒有奧利弗・克倫威爾（Oliver Cromwell），結局將是什麼？如果希特勒在一九四〇年五月成功入侵英國，歐洲將變成怎樣？如果甘迺迪沒有被暗殺，美國的政治將走向何方？如果一九八九年的蘇聯沒有戈巴契夫，解體還會發生嗎？

在《未曾發生的歷史》（*Virtual History*）中，三十二歲的弗格森與倫敦的幾位青年歷史學者對九個重大歷史時刻進行了腦洞大開的反歷史假設。他們不是第一次做這個遊戲的人，史蒂芬・茨威格在《人類群星閃耀時》（*Decisive Moments in History*）中就曾假設，在滑鐵盧戰役中，如果埃曼努爾・格魯希（Emmanuel Grouchy）元帥在「一秒鐘」內做出向拿破崙・波拿巴（Napoléon Bonaparte）靠攏的決定，歐洲歷史就會被改寫。相比文學家茨威格，受過嚴格歷史學訓練的弗格森和他的年輕朋友們的推演，顯然更加嚴謹和引人遐想。

## 彷彿爲媒體而生的通識類學者

尼爾・弗格森畢業於牛津大學，儘管到二〇二〇年，他才五十六歲，卻已經著作等身。與書齋型歷史學家不同的是，弗格森似乎是爲媒體而生的，他風度翩翩、精力充沛、文筆雄健、能言善辯，涉獵的領域橫跨歷史、金融、政治和古人類學，是一位罕見的通識類學者。

讓弗格森暴得大名的是他出版於一九九九年的四卷本《羅斯柴爾德家族》（*The House of Rothschild*）。

羅斯柴爾德是近代歐洲最神祕的金融家族，一個廣爲人知的傳說是，一八一五年，滑鐵盧戰役期間，羅氏比市場早一天得知了拿破崙失敗的消息，於是大肆做多英國國債，從中攫取暴利。在經濟學課堂上，這成爲資訊不對稱理論的最佳案例。

從十九世紀中期開始，羅斯柴爾德家族就成了一個神話，他們的事蹟成爲銀行史的第一篇章，蕭邦爲他們譜過曲，巴爾扎克和海涅爲他們寫過書，關於這個家族的笑話出現在《猶太人幽默集》中。更有傳說，羅氏家族是全球金融圈最大的幕後操盤手，他們甚至控制了美國聯準會，坐擁五十萬億美元資產。

弗格森獲准進入羅斯柴爾德家族的私人檔案庫，在接下來的幾年裡，他查閱了數萬封原始信件，完成了對這一家族的歷史性敘述。他披露的史料顚覆了之前的很多猜測，羅氏當然不是聯準會的控制人，他們的家族資產其實不足一百億歐元，甚至，在一八一五年的那場豪賭中，「可能由於兄弟幾個在滑鐵盧戰役前後的一系列估算，他們蒙受了損失而不是獲得了利潤」。

在這部作品中，弗格森顯示了他細密的資料整理能力和極具穿透性的洞察力。在對長達兩百五十年的家族史的探尋中，弗格森描述了金錢在歐洲大地行走、肆虐和演變的全部過程。

## 美國，一個自由的帝國

如果說《羅斯柴爾德家族》是一部厚重而艱澀的家族傳記的話，那麼，在後來的幾年裡，精力旺盛的弗格森幹了一件讓他的名字進入千家萬戶的事情：他爲英國電視臺撰寫並製作了五部非常成功的電視紀錄片——《帝國》（*Empire*）、《巨人》（*Colossus*）、《世界戰爭》（*The War of the World*）、《貨幣崛起》（*The Ascent of Money*）和《文明》（*Civilization*），它們同時以圖書的形式發行，成爲毋庸置疑的超級暢銷書。

在弗格森之前，從來沒有一位學者，無論是經濟學家還是歷史學家，向大眾講清楚過「到底貨幣是怎麼一回事」。在《貨幣崛起》一書中，弗格森帶著讀者進行了一次穿越時間的旅行，從古羅馬銀幣，到成爲第一批銀行家的義大利高利貸者，從五千年前流通的泥土「貨幣」，到今天銀行外匯顯示幕上閃爍的數字，弗格森用「貨幣戰爭」這個新名詞，重新詮釋了人類的進步史。

作爲一位英國學者，永遠無法繞開一個敏感而無奈的主題：英國與美國。尼爾・弗格森則用《帝國》和《巨人》兩本書交出了他的答案卷。

據他的計算，人類數千年歷史上，出現過不超過七十個帝國。他的祖國英國是第一個全球化意義上的帝國——用英國歷史學家約翰・羅伯特・希利（John Robert Seeley）爵士的話說：「英國人心不在焉地建成了他們的帝國。」

從十九世紀五〇年代到二十世紀三〇年代，英國不僅輸出了商品、人和資本，更把社會和政治體制，甚至語言，輸出到地球的很多角落，是血腥的，同時又是卓有成效的。歷史上沒有一個國家比大英帝國做得更多。

與英國主動、積極地發展自己的帝國模式不同，弗格森論證說，美國恰恰是那個一度最有條件成爲帝國，卻始終不願意戴上「皇冠」的國家。小布希總統就曾談道：「美國從來不是帝國。我們可能是歷史上唯一一個可以有機會成爲帝國而拒絕成爲帝國的大國。」

弗格森的觀點不同，他認爲，事實上，美國就是一個帝國，而且從來都是一個帝國。

我認為世界需要一個富有成效的自由帝國，而美國就是這個工作的最佳候選人。美國完全有理由扮演自由帝國的角色……雖然美國已經成為一個帝國，但是美國人自身卻缺乏帝國主義的意識和頭腦。我很遺憾地說，威脅會來自內部實力的真空狀態——美國本身所缺乏的強權政治意志。

尼爾・弗格森的《巨人》出版於二〇〇五年，兩年後，華爾街次貸危機爆發，繼而引爆全球經濟危機，他的「美國帝國論」被華盛頓的鷹派人士全盤搬去，作爲擴張美國勢力的理論依據。弗格森也在這期間移居美國，受聘哈佛大學歷史系的教授。

## 亞洲的崛起，中國的復興

尼爾・弗格森的學術身份很難被定義，他是一個歷史學家、經濟史學家，同時也是一位活躍的政治評論家。弗格森創造了一個新英語名詞：Chimerica（中美國），這個詞被《紐約時報》評為二〇〇九年的年度流行語。

弗格森第一次踏上中國的土地是在二〇〇五年，其後五年間，他密集地來了五次，其中最長的一次逗留三週。他去過上海、北京、重慶、長沙和合肥，最令人意外的是，他還專程去了一趟延安。

正是行走在塵土飛揚的中國大街上，弗格森說：「我突然意識到，西方主宰世界的五百年已接近尾聲。」

這一觀察，可以說是當今中生代西方精英階層的某種共識，他們達成共識的時間，應該是在二〇〇八年北京奧運會到二〇一〇年之間。

曾出任美國財政部部長、哈佛大學校長的經濟學家勞倫斯・薩默斯表達過與弗格森十分近似的歷史性觀點：人們往回看這段歷史，冷戰的結束，在美國、歐洲發生的情況，以及伊斯蘭世界的爭鬥，都只是第二等事件，第一等事件是，亞洲的崛起，中國的復興。

「中美國」是一個意味深長的概念，它蘊含著共生，同時意味著內在的緊張關係，它不僅是經濟的，更是政治的和意識形態的。二〇一二年，尼爾・弗格森的《文明》在中國出版，他在序言中設問：「中美之間是否會像二十世紀五〇年代的朝鮮戰爭時期那樣再度交惡？」

這位在二十多歲時總愛做「反歷史假設」的歷史學家說：「這點並非沒有可能。」

## 閱讀推薦

尼爾・弗格森的經濟史系列，值得推薦的有：

- 《文明》／尼爾・弗格森　著
- 《貨幣崛起》／尼爾・弗格森　著
- 《西方文明的4個黑盒子》（*The Great Degeneration*）／尼爾・弗格森　著
- 《紙與鐵》（*Paper and Iron*）／尼爾・弗格森　著
- 《頂級金融家》（*High Financier*）／尼爾・弗格森　著

# 33 一個走不出去的「福山困境」

## ——《歷史之終結與最後一人》

我們想知道是否存在著一種類似「進步」那樣的東西，而且想知道，我們是否能夠建設一個連續的、有方向性的人類普遍史。

——法蘭西斯・福山

每一個經濟或政治學者，都在內心急切而不動聲色地等待著一個時刻的到來：在事實發生突變前的一刻鐘，突然大聲地喊出一嗓子。這個聲音也許什麼也無法改變，但是，卻成爲歷史的一個記憶點。

在這本書中有好幾位這樣的幸運兒，比如一九九六年的保羅・克魯曼、二〇〇〇年的羅伯・席勒。一九八九年，這個好運的「蘋果」也曾砸在一位三十六歲的日裔政治學家頭上。

這一年的二月，剛剛從蘭德（RAND）公司離職、轉任華盛頓國務院政策規畫辦公室副主任的法蘭西斯・福山（Francis Fukuyama, 1952-）受邀去芝加哥大學發表一個關於國際關係的演講。他是一位蘇聯問題專家，就在一九八八年十二月七日，蘇聯總統戈巴契夫在聯合國的一次演講中宣布，蘇聯將不再干涉東歐衛星國的事務。福山談到，這可能是冷戰結束的開端。

他的演講引起了一位聽眾的注意，他是《國家利益》（*The National Interest*）雜誌編輯，他建議福山專門寫一篇文章。一九八九年的夏天，這篇題名爲〈歷史的終結？〉（*The End of History?*）的文章發表，福山認爲，西方國家實行的自由民主制度也許是「人類意識形態發展的終點」和「人類最後一種統治形式」，並因此構成了「歷史的終結」。

一九八九年十一月九日，柏林牆倒塌，緊接著東歐劇變，蘇聯解體。在多米諾骨牌倒塌前的一瞬間，福山喊出的這一嗓子，讓他從此名垂青史。

## 世界將實現內在平衡

《歷史之終結與最後一人》（*The End of History and the Last Man*）出版於一九九二年，成爲發行量最大的當代政治類作品之一，迄今長銷不止。

福山保持了西方學者一貫的血脈正統——一切敘述都從希臘開始。柏拉圖認爲，人的靈魂由欲望、理性和精神這三部分構成，到了黑格爾，又把「獲得認可的欲望」提煉爲驅動人類進程的基本動力，進而指出眞正能使人滿足的並不是豐富的物質，而是對其地位和尊嚴的認可。

現代政治的所有道德邏輯，都建立在這一論述的基礎上：到底怎樣的政治安排能夠讓人們覺得受到了公平的對待和有尊嚴感。無論是社會主義還是資本主義，抑或我們認定的邪惡組織，其凝聚人心的起點都是一樣的。

從二十世紀四〇年代末開始的冷戰，前後持續了整整半個世紀，它可以說是兩種意識形態的政治競賽，全球的現實主義者和理想主義者都自動或身不由己地分列於兩大陣營，以相互的遏制和血腥的暴力鬥爭來捍衛自己的主張。

在這場競賽中，自由民主國家常常被人們看成是效率低下的一方，因爲它需要保障一定範圍內的工人權利而明顯削弱了國家的權力。相反地，專制制度則尋求使用國家權力去剝奪公民的私人領域，個人自由支配的領域所失去的權利，將在國家利益的層面上得到彌補。

而在一九八九年冬天所發生的事實，令競賽突然結束。福山所宣告的「歷史的終結」，便是對此的總結陳詞——自由民主制度用一種獲得平等認可的理性欲望，替代了那種希望獲得比別人更偉大的認可的非理性欲望。歷史因此而終結。

在書中，福山表達了對未來世界格局的樂觀預測：隨著冷戰結束，主要大國集中在一種單一的政治和經濟模式上，國際關係的「共同市場化」將出現，世界將會實現內在平衡。

## 福山理論的挑戰

人人都想在自己的手上終結歷史，從凱撒、秦始皇到希特勒，也包括黑格爾和馬克思，但直至今日，無人達成。福山的「歷史終結論」，不但沒有終結爭論，反而打開了一個潘朵拉的盒子，之後二十年，他一直糾纏其中，陷入了一個走不出去的「福山困境」。

福山的理論受到兩個事實的挑戰：二〇〇一年的九一一事件和東亞經濟模式，尤其是中國經濟的崛起。

柏林牆倒塌的僅僅十年後，另一堵「憤怒之牆」再度轟然出現，它可追溯的歷史更爲久遠，可以從一〇九六年的第一次十字軍東征算起。在九一一事件中，賓•拉登（bin Laden）用兩架飛機宣告了伊斯蘭世界的不滿，它證僞了「歷史的終結」，並讓人們重新記憶起薩謬爾·杭亨頓（Samuel P. Huntington）在二十世紀六〇年代所提出的「文明衝突論」。很顯然，在人類的某些民族中，召喚禱告的鐘聲，永遠比汽車、冰箱或選票美妙和重要得多。

福山在後來也承認：「在東西方冷戰終結後九〇年代，美國的確具有壓倒性力量。但一國變得如此強大本身就是罕見的……對九一一恐怖事件的過度反應扭曲了美國的外交和安全保障政策，這扣下了意想不到的惡性循環的扳機。」

二〇一一年的「阿拉伯之春」，讓福山再次找到了理論自信，可是接下來發生的事實是，埃及重新恢復了原有的統治，利比亞、葉門及敘利亞陷入無序狀態，與此同時，伊拉克出現了新的極端伊斯蘭運動。戰火一直持續至今未歇。

福山顯然無法用歷史終結論來解釋這一切，在二〇一五年的新書《政治秩序與政治衰敗》（*Political Order and Political Decay*）中，他有點無奈地寫道：「如果阿拉伯世界在面對 ＩＳ[6] 的暴行時，無法克服部落紛爭和宗派分歧，那麼我們也無計可施。」

## 政治秩序的起源

東亞模式，是福山遇到的另外一個很難跨過去的理論跨欄。

在《歷史之終結與最後一人》中，他以新加坡、韓國和臺灣爲代表，論述了東亞的經濟增長模式。作爲一個日裔學者，他對亞洲的態度似乎更爲複雜。

6 ＩＳ（Islamic State），指伊斯蘭國，是自稱已建國且活躍在伊拉克和敘利亞的極端恐怖組織。

他認爲市場導向的專制主義國家集中了民主制度和共產主義兩者的優點，既能夠對其人民強行推行一種較高度的社會紀律，又能給予他們足夠自由以鼓勵發明和應用最現代的技術。

工業化和自由民主之間似乎沒有必然的聯繫，它們的關係非常複雜，至今沒有任何理論能予以適當的解釋。同時，他警告說，這種穩定性和發展效率，可能以犧牲收入再分配公平和社會正義爲代價。

在二〇一一年出版的《政治秩序的起源》（*The Origins of Political Order*）一書中，福山以更大的篇幅繼續論述了自己的思考。

他把國家、法治和問責機制視爲現代政治體制的三組基礎性制度。以中國爲例，他認爲，中國是最早的「韋伯式」國家，很早就建立了精英化的官僚體系，但是，歷朝的法律規章都是執行皇帝旨意的成文法。毫無疑問，中國也沒有建立起正式的問責制度。

中國的這種治理方式成爲東亞其他國家的範例。這一政治特徵的後果有兩個。

首先，並且最重要的是，幾乎所有成功實現現代化的威權體制都分布在東亞地區。其次，這樣的政策會導致嚴重的尋租和國家俘獲現象。最終的結果是東亞的體制與歐洲、北美以及西方世界的其他國家存在差異。

自從在一九八九年的夏天發表了那篇轟動一時的文章後，法蘭西斯•福山就成了一個拚死護衛寶盒的戰士，從任何角落射出的一支冷箭，就夠他手忙腳亂一陣子。

其實，「福山困境」的本質是一個人類困境：「獲得認可的欲望」的確是一種根本性的動力，但是，它本身無法被量化和「一致化」，因而，歷史也無法被終結。

**閱讀推薦**

西方知識界對當代世界秩序的解釋，一向都以美歐文明中心論出發，並沒有太大的分歧，推薦：

- 《變動社會的政治秩序》（*Political Order in Changing Societies*）／薩謬爾・杭亭頓　著

# 34 五百年視野裡的美國與中國

## ——《霸權興衰史》

西方世界都表示希望看到一個穩定、統一、富饒的中國。但是，西方（尤其是美國）真正為出現這樣的一個中國做好準備了嗎？

——保羅・甘迺迪

二十世紀八〇年代的美國，是一個患上了三重焦慮症的「巨人」。在國內，美國經濟因製造業產能的過剩和成本陡增，彷徨而找不到出路；在國際上，「日本虎」迅猛崛起，幾乎快咬到美國的尾巴了，大有取而代之的氣勢；而與蘇聯的長期「冷戰」，消耗了大量國力，卻似乎看不到戰勝的曙光。

這個時候，需要有人從歷史規律中幫助美國人找到勇氣。而這個任務，在一九八七年由一個出生在英格蘭的學者完成了。

他有一個很容易讓人產生誤解的名字：保羅・甘迺迪（Paul Kennedy, 1945-）。其實，他與著名的甘迺迪家族只在血緣上有非常遙遠的關係。

他出版的書是：《霸權興衰史：一五〇〇至二〇〇〇年的經濟變遷與軍事衝突》（*The Rise and Fall of the Great Powers: Economic Change and Military Conflict from 1500 to 2000*）。

## 糅合軍事、經濟與國際關係的歷史圖景

保羅•甘迺迪，一九四五年出生於一個英國造船工人的家庭，這讓他對海洋和海軍有天生的興趣。牛津大學博士畢業後，他專注於海軍史的研究，三十一歲出版了《英國海上主導權的興衰》（*The Rise and Fall of British Naval Mastery*）。一九八三年，他定居美國，在耶魯大學歷史系任教。

甘迺迪後來回憶說，原本他只想寫一本薄薄的小冊子，但是很快發現，幾乎沒有歷史學家涉足這個領域，沒人把軍事史、經濟史、國際關係史糅合在一起，提供一幅翔實的大圖景。他的創作雄心因此被激發了出來，事後證明，這是他在當年做出的最正確的決定。

關於什麼是「大國」，英國學者馬丁•懷特（Martin Wight）有一個被普遍接受的定義，那就是：「擁有超過全部競爭對手之和的力量的國家，無論遇到對手怎樣組合發起進攻，都能從容不迫地策畫戰爭的國家。」這裡所謂的戰爭，應該包括軍事的和經濟的。

史學界有一個共識，在上古、中古和中世紀，世界上只有區域性大國，即便是漢唐明清的中國、羅馬、奧斯曼等，都不是真正意義上的全球性大國。後者的出現是大航海及工業革命的產物。因此，保羅•甘迺迪的敘述起點便是一五〇〇年。

甘迺迪透過研究五百年的歷史，得出一個結論：大國的興衰不是突變，而是一個漸變的長期過程，其最核心的規律有三條：

大國的興衰是相對而言的，取決於當時環境裡和其他國家實力升降的比較。興衰的主要和最終決定因素，是國家的經濟基礎和軍事力量。不斷擴展戰略承諾導致軍費攀升，最終使國家經濟基礎負擔過重，是一個大國走向長期衰落的開始。

## 以歷史之槌痛擊美國

任何歷史都是當代史。甘迺迪的大國觀察，聚焦點正是他剛剛定居的美國。他回憶說，新書出版後的那年暑期的某一天，他拿起報紙，看到有一篇報導這樣寫道：「美國國務卿喬治・普拉特・舒茲（George Pratt Shultz）將開始亞洲六國之行，以此反駁保羅・甘迺迪提出的美國正在衰落的觀點。」他差點從椅子上跌落下來。

在後來的兩年裡，美國國會數次舉行專題聽證會，召喚甘迺迪做證陳述。這一切的發生，都因爲這位英國籍教授用「歷史之槌」擊中了當時美國的痛點。戰後的全球出現了「兩極世界」格局，美國與蘇聯的對峙構成了所有國際關係的前提。甘迺迪認爲，當今美國正面臨兩大考驗，一是國力與軍事支出之間的均衡性，二是產業格局及技術變化所帶來的挑戰。

在比較了十七世紀初的西班牙帝國和二十世紀初的大不列顛帝國之後，甘迺迪對美國提出了一個警告：同以往大國的興衰史十分相像，美國也正面臨著可以稱爲「帝國戰線過長」的危險。

《霸權興衰史》讓瀰漫在美國的焦慮情緒進一步加劇，這位新移民教授當然不是最瞭解美國的知識份子。在批評的激烈程度上，他不如諾姆·杭士基（Noam Chomsky）；在戰略思考深度上，他不如茲比格涅夫·布里辛斯基；在策略提供上，他更無法與亨利·阿爾弗雷德·季辛吉（Henry Alfred Kissinger）比肩。但是，五百年大歷史觀讓他的聲音更加有力。

日後的事實是，美國以消耗戰甚至虛構的「星球大戰」計畫的方式終於拖垮了體制僵化的蘇聯，而矽谷意外地出現，替代底特律和芝加哥成爲新的經濟增長極。

這一切都不在保羅·甘迺迪的預測之中。他甚至仔細計算了美國的鋼鐵產能和貿易逆差，但是全書自始至終沒有出現「矽谷」這個地方。也就是說，甘迺迪準確地指出了病灶，卻沒有提供與未來有關的藥方。

## 大國興衰取決於經濟？

《霸權興衰史》這本書二〇〇六年在中國再版，二〇〇七年，中國的經濟總量超過德國，成爲全球第三大經濟體，種種資料顯示，超過日本也將是指日可待。保羅·甘迺迪的作品的引入，讓中國讀者產生了好奇的代入感，時政評論員許知遠在爲引進版做的序言中說：「這本書的名字給我帶來的思考比它的內容更多。」（編注：此段所指為簡體中文版，書名為《大國的興衰》。）

事實上，《霸權興衰史》的敘述正是從歷史上中國的衰落開始的，全書第一章的第一節便是「明代中國」，它成了西方興起的背景。一四九二年，明朝宣布閉關鎖國，而哥倫布在這一年發現了新大陸，保羅·甘迺迪惋惜地寫道，鄭和的大戰船被擱置朽爛，儘管有種種機會向海外發出召喚，但中國還是決定轉過身去背對世界。

不過，當甘迺迪在二十世紀八〇年代中期開始創作此書的時候，還是敏感地發現了這個東方國家正在發生的變化。他在最後一章「面對二十一世紀」中，以「平衡發展的中國」為題，專闢一節討論當代中國。

他寫道：「中國既是大國中最窮的，同時可能也是戰略地位最差的。但是，縱然中國遭受著某種長期困難，它的現領導看來正在推行一種大戰略。這個大戰略在連續性和向前看方面，比莫斯科、華盛頓或東京的戰略都強，更不用說西歐的了。」

甘迺迪因此預言，如果經濟發展能持續下去，那麼，這個國家將在幾十年內發生巨變。二〇〇六年的中國讀者讀到保羅・甘迺迪在二十年前的這段文字，當然會感慨萬千。《霸權興衰史》一度成為中國知識界的熱門圖書，在公務員中和財經媒體界更是幾乎人手一本。保羅・甘迺迪是一個現實主義的「經濟決定論」者。二〇一八年，在接受中國記者的訪問時，他仍然堅持認為大國興衰取決於經濟，在國際事務中，包括金融和技術實力在內的經濟力量更加持久，更加重要，超越文化的理解與誤解。

對於中國，他曾在一篇文章中寫道：「五百年甚至更長時間以來，西方沒能理解中國，也沒有對中國的未來做出準確的預測。時至今日，我們所能夠做的，也不比前人好到哪裡去。」

自一九八七年之後，一戰成名的甘迺迪再沒有寫出過轟動性的大作品。暴得大名的他也曾陷入過莫名的焦慮。他的妻子回憶說，有好幾年，他經常會深夜夢遊，一個人爬到家具上自言自語。

## 閱讀推薦

關於歷史的興衰，推薦幾本佳作：

- 《從黎明到衰頹：今日文明價值從何形成？史學大師帶你追溯西方文化五百年史》（*From Dawn to Decadence: 1500 to the Present: 500 Years of Western Cultural Life*）／雅克・巴森（Jacques Barzun）著
- 《西方的沒落》（*Der Untergang des Abendlandes*）／奧斯瓦爾德・斯賓格勒（Oswald Spengler）著
- 《耶路撒冷三千年》（*Jerusalem: The Biography*）／賽門・蒙提費歐里（Simon Sebag Montefiore）著

# 35 一本有趣的文明進化簡史

## ——《槍炮、病菌與鋼鐵》

為什麼在不同的大陸上，人類以如此不同的速度發展呢？這種速度上的差異就構成了歷史的最廣泛的模式。

——賈德・戴蒙

一八三五年，查爾斯・羅伯特・達爾文（Charles Robert Darwin）在東太平洋的加拉巴哥群島，發現了物種進化的規律，從而得出了「物競天擇」的自然生存法則。從此以後，人類學家和生物學家都養成了這樣的愛好，他們喜歡去一些人跡罕至的地方，如熱帶島嶼、原始叢林或冰川，去探索達爾文式的祕密。

賈德・戴蒙（Jared Diamond, 1937-）是一位出生在波士頓的演化生物學家和生物地理學家，他經常去的地方是太平洋西部的新幾內亞島，那是地球上的第二大島嶼。一九七二年，在那裡，他結識了一位叫耶利的原住民朋友。

有一次，耶利問戴蒙：「為什麼你們白人製造了那麼多的貨物並將它們運到新幾內亞來，而我們黑人卻幾乎沒有屬於我們自己的貨物呢？」

這眞是個看似簡單，卻難以回答的問題，年輕的戴蒙被問得愣在那裡。二十五年後，戴蒙出版《槍炮、病菌與鋼鐵：人類社會的命運》（*Guns, Germs, and Steel: The Fates of Human Societies*），試圖認眞地回答耶利的這個問題。

## 環境差異導致不同的民族歷史

「耶利之問」其實早有人回答過。

最著名的是種族說，即各種族之間在生物學上存在著差異。有人便研究認爲，黑人的腦容量比白人小，歐羅巴人種在智力上優於其他種族的人類。

還有就是氣候說。有人類學家就指出，寒冷氣候對人的創造力和精力具有刺激作用，而炎熱、潮溼的熱帶氣候則讓人閒散懶惰，懼於深度思考。

再有就是地理文明說。溫帶和亞熱帶地區適合種植業的發展，因而率先實現了糧食的自足，進而推動了社會分工。隨著人口的增加，部落之間的衝突越來越多，因而語言和文字被發明出來。英國著名歷史學家阿諾德•湯恩比（Arnold Toynbee）對人類史上先進的二十三個文明民族進行了研究，發現其中有二十二個是有文字的，十九個在歐亞大陸。

作爲一個演化生物學家，戴蒙首先不認同種族說。以他的專業知識，他反而認爲，就智力而言，新幾內亞人可能在遺傳方面優於西方人，他們在逃避對成長極其不利的條件時，也肯定優於西方人。

他也不認同氣候說。他舉例論證說，唯一發明了文字的印第安人社會出現在北回歸線以南的墨西哥，新大陸最古老的陶器來自熱帶的南美洲赤道附近……直到最近的一千年前，北歐各民族對歐亞大陸文明沒有做出過任何極其重要的貢獻。

因此，戴蒙的結論是：不同民族的歷史遵循不同的道路前進，其原因是民族環境的差異，而不是民族自身在生物學上的差異。

戴蒙的敘述從大約七百萬年前開始。根據他的推演，地球上的各個部落在動植物馴化上的能力，決定了他們初始的文明程度。最有價值的可馴化野生物種，只集中在全球九個狹窄的區域，這些地區也因此成爲最早的農業故鄉。這些原住民的語言和基因，隨同他們的牲口作物技術和書寫體系，成了古代和現代世界的主宰。

## 從病菌的角度切入人的演進史

到戴蒙創作《槍炮、病菌與鋼鐵：人類社會的命運》的二十世紀九〇年代中期，出現了很多交叉性的新學科，包括生物地理學、行爲生態學以及研究病菌的分子生物學，而他本人恰巧是這些領域的頂級學者。這本著作中的「病菌」，就是戴蒙研究一萬三千年人類演進史的一個獨特的角度，這也是本書最引人入勝的部分。

戴蒙論證說，整個近代史上，人類的主要殺手是天花、流行性感冒、肺結核、瘧疾、瘟疫、痲疹和霍亂。它們都是從動物的疾病演化而來的傳染病……過去戰爭的不少勝利者，並不總是那些擁有最優秀的將軍和最精良武器的軍隊，而常常不過是那些攜帶有可以傳染給敵人的最可怕病菌的軍隊。

一四九二年，在哥倫布到達美洲大陸的時候，印第安人有兩千萬之眾，並形成了發達的文明，但是在接下來的一兩個世紀裡，印第安人口減少了九十五%。

是槍炮的屠殺造成了這個慘烈的結果嗎？

戴蒙的結論是否定的。主要的殺手，居然是哥倫布們從舊大陸帶去的病菌。印第安人以前從來沒有接觸過這些病菌，因此對它們既沒有免疫能力，也沒有遺傳的抵抗能力。

## 爲什麼是歐洲？

在這本有趣的文明進化簡史中，戴蒙還用不少的筆墨討論了一個與中國有關的話題：爲什麼是歐洲人完成了現代化的擴張，而不是中國人或印度人？

英國博物學家傑克・查隆納（Jack Challoner）主編過一本《改變世界的一〇〇一項發明》（*1001 Inventions That Changed the World*），其中，來自中國的只有三十項，最後一項是一四九八年發明的牙刷。在一五〇〇年（也就是公認的近代史）之後新出現八百三十八項重大發明中，沒有一項來自中國。

這又引發了一個耶利式問題：爲什麼中國人在一五〇〇年之後突然喪失了發明的智慧？

關於中國文明的早慧，戴蒙提出了兩個視角。

一是文字。中國很早就形成了唯一的書寫系統，這使得民族和文化的形成變得更加容易，而相比之下，其他種族的文字則要繁複得多。印度有一萬九千五百六十九種語言[7]，現代歐洲

7 王會聰：《印度語言的複雜程度中國恐怕無法趕超，種類接近兩萬》，二〇一八年七月二日，https://baijiahao.baidu.com/s?id=1604831215723461624&wfr=spider&for=pc。

仍在使用幾十種經過修改的語言和書寫系統，戴蒙常去的新幾內亞，一個島嶼上居然有約一千種語言。

二是動植物馴化。古代中國人在華北最早種植出耐旱的黍，在華南則培育了一年兩熟的水稻，而豬、狗、雞和水牛也是由中國人最早馴化的，它們提供了更多食物和耕作勞動力。

在「為什麼是歐洲，而不是中國」這個問題上，戴蒙提出了「最優分裂原則」。他認為，歐洲在近現代的崛起，正得益於它的長期分裂。這種分裂促成了思想的多元化、技術和科學的進步，推動各國競爭。正是這種「分裂」孕育了歐洲的資本主義文明。而中國，由於文化和地理的雙重原因，它在很長時間裡維持了超穩定結構，並在明清時代，形成一套與之相配套的成熟的高度專制政體，由此帶來的國家體制壓制了現代科學出現所必需的多數條件。

與歐洲和中國相比，印度是另外一個極端，它在地理和語言上，比歐洲更為分裂。戴蒙的「最優分裂原則」便是——創新在帶有最優中間程度分裂的社會裡發展得最快：太過統一的社會處於劣勢，太過分裂的社會也不占優。

**閱讀推薦**

關於一國的民族性如何養成，並最終影響它的價值觀和命運，推薦一本短小精悍的經典：

• 《菊與刀》（*The Chrysanthemum and the Sword*）／露絲・潘乃德（Ruth Benedict）著

# 第五部分

# 企業家書寫的傳奇

如果說「新大陸」是一種意識形態，
那麼，因此而迸發出的牛仔精神、價值觀，
對快速變化的擁抱，以及對陌生技術和產品的尊重，
便構成新的美國式商業文明。

# 36 為了到達頂峰，你不需要什麼門票
## ——《影響歷史的商業七巨頭》

美國的文化和制度給了企業家極大的自由，使在美國的每一個人都有機會成為超凡的人。

——李察・泰德羅

「本書介紹了美國人最擅長的活動——成立和創建新企業，以及那些不受規則束縛、創立新規則的人。」李察・泰德羅（Richard Tedlow, 1947-）用這種堅定而激蕩的開場白，開始了他的敘述。

在商學史寫作上，一直沒有出現過像艾瑞克・霍布斯邦、東尼・賈德這樣既能細緻考據，又擁有雄渾筆力的大家。勉強要湊個數，哈佛大學商學院教授泰德羅大概算是一個。

《影響歷史的商業七巨頭》（*Giants of Enterprise: Seven Business Innovators and the Empires They Built*）以人物評傳的方式，講述了七位美國商業史上的企業家，他們分別是：安德魯・卡內基（Andrew Garnegie，美國鋼鐵）、喬治・伊士曼（George Eastman，柯達）、亨利・福

特（福特汽車）、湯瑪士·華生（Thomas Watson，IBM）、查爾斯·瑞夫森（Charles Revson，露華濃）、山姆·沃爾頓（Sam Walton，沃爾瑪）和羅伯特·諾伊斯（Robert Noyce，英特爾）。

這些人中，年紀最大的是卡內基，出生於一八三五年，去世於一九一九年，最年輕的是諾伊斯，出生於一九二七年，去世於一九九〇年。這漫長的一百五十年，正是美國由孤懸大西洋西岸的前殖民地蛻變爲第一超級大國的全部過程。

在泰德羅看來，企業家是美國夢的主要締造者。他在書中的一個核心觀點是：美國文化和制度把他們的一切變成了可能，同時他們是如此重要，以至於他們可以改變這種文化和制度。

## 美國式商業文明

假如你問我，要用一些關鍵字來涵蓋美國商業成長史的話，它們是什麼？我的答案是：五月花號、西部牛仔、可口可樂、華爾街、福特T型車和矽谷。

美國最重要的文化特徵是移民文化，以及在此基礎上所形成的中產階層價值觀。

「美國是在農村誕生的。」泰德羅斷言道。在獨立戰爭結束的時候，北美大陸只有費城和紐約兩個城市，人口也非常少。沒有貴族，沒有世家，美國之心在農村。

安德魯·卡內基是美國歷史上的第一位首富，他出身赤貧，在十三歲時才隨全家移民美國，變成首富這件事在他的祖國蘇格蘭是完全不可能發生的，「美國是人類歷史上最大規模的自由移民潮的最大受益者」。這一特徵其實到今天還沒有改變，美國每年新增人口中的相當大的部分依然是新移民。

如果說「新大陸」是一種意識形態，那麼，因此而迸發出的牛仔精神、價值觀、對快速變化的擁抱，以及對陌生技術和產品的尊重，便構成新的美國式商業文明。

在泰德羅看來，他書中所講述的七個人「沒有一個是具有代表性的」。他們的事業生涯中沒有什麼是必然的，他們出生、成長於各個角落或國家，信仰不同的宗教，投身不同的產業，他們創立企業的道路不同，學歷也有差異。

任何一位精力充沛、懷有抱負的小夥子，無論他的教育背景是如何寒酸，都有可能在商業立足，並繼續向上高升……我們反覆地看到他們伸開雙臂接受甚至主動創造一個嶄新的未來。正是這種導向未來的能力讓他人覺得不可思議（新思維，新行動），這也正是為什麼他們是具有遠見卓識的夢想家。

泰德羅試圖在書裡證明，在美國，人們給予了企業家與最傑出的政治家幾乎同樣的地位，而這在其他國家根本是難以置信的。在亨利・福特去世後，媒體將他與亞伯拉罕・林肯相提並論：「林肯和福特意味著美國貫穿了世界，從木屋到白宮，從機器加工車間到工業帝國。」

## 從美國崛起到矽谷時代

作爲一位商學史教授，泰德羅把七個人物置於美國百年經濟史的背景下進行描述。

卡內基、伊士曼和福特處於美國崛起期，美國由一個二流國家向最大經濟體邁進。當一八七三年卡內基創辦鋼鐵廠的時候，英國的鋼鐵產量超過世界其他國家的總和，而到一九〇〇年，美國的鋼產量已經是英國的兩倍。汽車是由德國人發明的，而福特的T型車則讓汽車成爲中產家庭的標配，美國成了「車輪上的國家」。

進入二十世紀上半葉，世界進入「美國時代」，創辦《時代週刊》的亨利・盧斯（Henry Luce）宣稱，如果美國人對他們所擁有的傳統和肩負的使命持續誠勇敢的態度，二十世紀將是「屬於美國的世紀」。到二十世紀六〇年代，全球前兩百大公司銷售額七〇％來自美國公司，大約四〇％的全球經濟活動是由美國企業家發起的。泰德羅以華生的ＩＢＭ和瑞夫森的露華濃爲例，描述了這個激動人心的時代。

二十世紀下半葉，被泰德羅稱爲「我們自己的時代」。在這一時期，美國由「快樂無憂的六〇年代」進入「冷靜思考的七〇年代」，日本企業的強勁崛起對美國構成了致命的威脅。到一九八〇年，日本的汽車產量超過美國，前五大電視機公司的總部沒有一家在美國，「美國似乎不再是一個自信的國家」。泰德羅透過沃爾頓和諾伊斯的故事，講述了美國企業家在這一時期的自我拯救。

《影響歷史的商業七巨頭》到此戛然而止，讓人意猶未盡。泰德羅沒有續寫接下來發生的網路革命。美國企業家在工業製造領域失去的榮耀，被矽谷人在新科技戰場上重新奪回。

## 企業家可以是好人也是偉人嗎？

泰德羅對美國企業家精神的描述，在理論的底色上受到了兩位東歐思想家的啓發，他們是約瑟夫・熊彼得和馬克斯・韋伯。前者提出了創新精神和「創造性破壞」，後者以基督新教倫理論證了商業在人生意義上的正當性。

泰德羅試圖回答一個問題：一個企業家能既是好人又是偉人嗎？

他的答案是：這七個人都可稱得上偉大，但用我們提到的好人的標準來衡量，結果就很有問題了。

在書中，我們的確可以讀到很多陰暗甚至令人髮指的細節。「爲了獲得商業上的成功，一個人不得不做出苛刻的事。」他們之中有的人冷血無情，關閉一家萬人工廠，如同扔掉半根熱狗；有的人爲了獲得一筆訂單無所不用其極。他們對權力的渴望，不輸給任何一個獨裁者。而即便站到成功的巔峰之後，他們仍然表現得像變態。創建了IBM的華生會設計一個以他爲中心的慶祝會，他會在正式發表前檢查每一句讚美他的詞語，然後在公開場合聽到這些語句時，仍然會落下淚來。

但是，在對財富的使用上，他們又不約而同地表現出了美國式的現代性。

書中的七個人裡，卡內基和沃爾頓是農民，幾乎沒有受過正規教育，伊士曼、福特和華生連高中都沒有畢業。他們的成功幾乎都與所受的教育無關，然而在成功後，他們都成了公共教育事業最重要的捐助者。

卡內基捐建了數以千計的圖書館，並創辦了卡內基梅隆大學；伊士曼和華生分別是麻省理工學院和哥倫比亞大學的主要捐助人；福特創辦的基金會，迄今仍是全球極其富有和重要的慈善機構之一。

《影響歷史的商業七巨頭》是一本關於美國企業家的圖書，但是，它的創世紀特徵，卻能夠引起中國讀者極大的內心共鳴。卡內基、福特和沃爾頓等人的故事可以清晰地折射出一代中國草根創業者的身影，他們的發跡歷程、內心掙扎和面對困境不懼應戰的表現，又哪裡有什麼國界和時代的差異呢！

**閱讀推薦**

以歷史為軸，人物為點，構成一場偉大的文本敘述，世上無人能出史蒂芬・茨威格之右，推薦他的：

- 《人類群星閃耀時》／史蒂芬・茨威格　著
- 《三大師傳》（*Three Masters: Balzac, Dickens, Dostoeffsky*）／史蒂芬・茨威格　著

商業人物列傳推薦：

- 《藍血十傑：創建美國商業根基的二戰菁英》（*The Whiz Kids: The Founding Fathers of American Business - And the Legacy they Left Us*）／約翰・百恩（John A. Byrne）　著

# 37 一個做餅乾的如何拯救「藍色巨人」？

——《誰說大象不會跳舞？》

在一個組織程序已經變得不受其來源和內容的約束，而且其編纂出來的組織宗旨已經代替了個人責任的組織之中，你所面臨的首要任務就是要全盤抹掉這個程式本身。

——路・葛斯納

一九九三年，IBM的第六任董事長兼CEO約翰・艾克斯（John Akers）退休了，公司組成了一個搜獵委員會尋找接班人。在搜獵名單上，有通用電氣的傑克・威爾許、摩托羅拉的喬治・費雪（George Fisher），甚至包括微軟的比爾・蓋茲。

在這場被視爲美國人才市場一號工程的搜獵行動中，最後中選的是名聲要小得多的路・葛斯納（Louis Gerstner, 1942-），他當時是納貝斯克（Nabisco）食品公司的CEO。

這並不意味著葛斯納是一個多麼幸運的人，其實他是IBM無比尷尬的選擇。這家曾經的「藍色巨人」，此時正處在創業七十年歷史上最糟糕的時期。董事會看中葛斯納的，並非他的電腦專業能力或者高效率的攻擊戰略實施能力，而是他特別會賣資產。

## IBM轉型的關鍵人選

IBM的創始人是湯瑪斯・華生和他的兒子。老華生沒上過幾天學，十七歲就開始做推銷員，一九二四年，他把一家生產製錶機、碎紙機等的公司更名為國際商用機器公司，簡稱為IBM。

二十世紀三〇年代初，IBM打入打字機行業，並迅速成為業界第一。一九三七年，老華生撥五十萬美元，支持哈佛大學的霍德華・艾肯（Howard Aiken）博士研發「更快的運算器」，歷時六年之久，世界上第一台自動順序控制電腦誕生了。一九四六年，IBM推出第一台電子電腦，兩年後又推出數位電腦。人類自此進入一個新的電腦紀元，推銷員出身的老華生因此被視為「電腦之父」。

IBM在小華生手上進入巔峰期，成為世界上最大的電腦公司和全球第五大工業企業。「機器應該工作，人類應該思考。」IBM的這句廣告詞，顯示了美國式商業文明的雄心。

但是，進入二十世紀八〇年代中期之後，IBM突然陷入增長乏力的泥潭。在電腦產業由大型主機向相容型電腦轉型的過程中，「藍色巨人」成了進步的絆腳石，康柏（Compaq）、蘋果等公司迅速崛起，取代了IBM的領跑者角色。

IBM的狀況變得慘不忍睹。從一九九〇年到一九九三年，公司連續虧損額達到一百六十八億美元，創下美國企業史上第二高的紀錄。很多人都在掐指計算IBM倒閉的日子，商學院的教授們開始著手撰寫IBM失敗的教案。

在這個時刻，葛斯納的經歷引起了ＩＢＭ董事會的注意：他在納貝斯克任職的四年裡，成功賣掉了價值一百一十億美元的資產。如果ＩＢＭ要瘦身轉型，他也許是最好的ＣＥＯ人選。

## 不懂電腦卻拯救了「藍色巨人」

在上任的第一年，此前從來沒有在電腦行業待過一天的葛斯納的確開始大肆賣家當。他先是出售了ＩＢＭ大廈，然後下令停止了幾乎所有的大型主機生產線，緊接著宣布裁員四萬五千人，創下美國商業史的紀錄。因爲主營業務停擺和支付巨額解約金，一九九三年ＩＢＭ狂虧八十億美元。

故事如果到此終結，當然非常乏味。葛斯納的天才之處在於，作爲一個「電腦白痴」，他從業務報表中挖出了一塊被掩埋住的鑽石。

葛斯納在研讀一九九三年第一季的業績報告時發現，儘管大型電腦業務虧損，個人電腦業務也乏善可陳，然而，服務業的收入竟然增長了四十八％，達到十九億美元。

在當時的公司管理層，關於策略路線的爭論有兩派意見，一派主張保持大型主機路線，另一派主張轉戰個人電腦市場。大學畢業後曾在麥肯錫工作過的葛斯納卻敏銳地發現，也許還有第三條道路：定位於網際網路，硬軟結合，突擊軟體服務戰場。

一九九五年，葛斯納首次提出「以網路爲中心的計算」。他認爲，網路時代是ＩＢＭ重新崛起的最好契機：「我們下了一個賭注，獨立計算將讓位於網路化計算。」這一年六月五日，葛斯納以一項大膽的舉措把電腦業界驚出一身冷汗：ＩＢＭ斥三十五億美元鉅資，強行收購了蓮花（Lotus）軟體公司。

他看中的是蓮花公司的網路軟體Notes，它控制了三十四%以上的企業網路市場。ＩＢＭ透過收購，以最短的時間，從最快的捷徑突進網路，從而擁有新的技術核心能力，完成了一次華麗的策略轉型。更重要的是，葛斯納下注網路化計算的時刻，正是網際網路時代到來的前夜，他讓ＩＢＭ搶到了第一張通往新世界的船票。

葛斯納在ＩＢＭ任職的九年間，使面臨絕境的「藍色巨人」重新崛起，公司股價上漲了百分之一千兩百，他被稱爲「扭虧爲盈的魔術師」。

## 矩陣式管理模式

大象其實是不會跳舞的。在全球企業史上，巨型公司的轉型幾乎都以失敗而告終，如果僥倖成功，則必成傳奇。

跟拯救英特爾的安迪•葛洛夫不同，做餅乾出身的葛斯納因「無知」而大膽，敢於打破既有的罈罈罐罐。他直言：「我對技術並不精通，我需要學習，但是不要指望我能夠成爲一名技術專家。分公司的負責人必須能夠爲我解釋各種商業用語。」

他還清晰地定義了企業決策者的角色：「我將致力於策略的制定，剩下的執行策略的任務就是你們的事了。只需以非正規的方式讓我知道相關的資訊。不要隱瞞壞消息，我痛恨意外之事。要在生產線以外解決問題，不要把問題帶到生產線上。」

ＩＢＭ被稱爲「藍色巨人」，在很長時間裡，藍色是一種宗教般神聖的存在，ＩＢＭ從公司標誌、產品外觀、工廠牆體到工作服，均以藍色爲基調。在葛斯納看來，這是僵化和老態龍鍾的表現，他不顧內部的激烈反對，下令取消員工必須穿著藍色西裝的限制。當色彩自由之後，思想和組織的自由才可能迸發出來。

在管理學上，葛斯納是矩陣管理模式的發明人。

大象型企業之所以笨重，是因爲傳統的等級制度設置了垂直的條條框框，讓公司內不同的業務單元都如同「孤島」，不但無法形成協作效率，更造成內耗和掣肘。IBM擁有三十二萬名員工，業務遍及一百六十多個國家和地區，體大身笨，大公司病嚴重。

葛斯納發動了一場組織革命。他解散了IBM的最高權力部門——管理委員會，同時，以顧客爲中心，重組原本各主其事的事業群，整合成以產品類、業務類爲主的兩大團隊，讓他們既彼此競爭又彼此合作。公司的管理層級從九層減少到四層，同時各地業務分別由當地總經理、地區總經理與美國總部產品類、業務類總經理共管。

矩陣制組織形式在直線職能制垂直形態組織系統的基礎上，再增加一種橫向的領導系統，由此構成雙命令通道系統。這種系統打破了傳統職能型組織的部門分割，使得橫向協作變爲現實，組織運行趨於柔性化，能對外界環境做出快速反應。

IBM試圖透過一種獨特的組織架構系統運作帶給使用者的感受是One Voice（同一個聲音），或者說，一個只由一個人或者一個部門牽頭負責，所有相關部門及人員便能迅速而持久地被帶動起來進行支援的結構體系。

葛斯納的矩陣管理模式，被認爲是二十世紀九〇年代之後最重要的組織變革和管理創新之一，它引領了企業界從產品中心向客戶中心的思維轉移。

## 這就是我的工作

《誰說大象不會跳舞？》（*Who Says Elephants Can't Dance?*）出版於二〇〇二年，是葛斯納退休後的作品。他以樸素的文筆和眾多細節，講述了重振ＩＢＭ的故事。這很像一個好萊塢電影的情節，當一座城市即將被毀滅的時候，一位正在食品店裡賣甜圈圈的中年男人挺身而出，拯救了整座城市。

「是的，我確實一直是一個局外人，但是，這就是我的工作。」在書的最後，葛斯納如此寫道，如同電影結束時，男主角的一句旁白。

**閱讀推薦**

關於大公司轉型成敗的書籍，推薦：

- 《ＳＯＮＹ巨人的崛起》（*Sony: The Private Life*）／約翰•納森（John Nathan）著
- 《下一個倒下的會不會是華爲》／田濤、吳春波 著
- 《騰訊傳：1998-2016——中國互聯網公司進化論》／吳曉波 著

# 38 他穿越了死亡之谷——《十倍速時代》

我篤信「只有偏執狂才能生存」這句格言。我不記得此言出自何時何地，但事實是：一旦涉及企業管理，我相信只有偏執狂才能生存。

——安迪・葛洛夫

僅憑這個書名（編注：原書名直譯為「只有偏執狂才能生存」），它就足以橫行百年。

二十世紀九〇年代的美國，出現了三位巨星級的職業經理人，他們個性鮮明，治業有道，均在危機時刻把龐然大物拉出泥潭，而且一改躲於幕後的傳統，樂於傳道分享，並各有一本超級暢銷書行世。

他們是通用電氣的傑克・威爾許和《致勝》（*Winning*）、ＩＢＭ的路・葛斯納和《誰說大象不會跳舞？》，以及英特爾的安迪・葛洛夫（Andy Grove, 1936-2016）和《十倍速時代》（*Only the Paranoid Survive*）。

## 英特爾三人組

安迪・葛洛夫是一個出生於匈牙利的猶太人，二十歲時，他以難民的身分來到美國。一九六八年，他與羅伯特・諾伊斯、高登・摩爾（Gordon Moore）一起，在矽谷創辦了英特爾公司。

很長時間裡，在「英特爾三人組」中，葛洛夫的名氣是最小的。諾伊斯是積體電路的聯合發明者，摩爾更是以著名的「摩爾定律」而廣爲人知。在一開始，葛洛夫是諾伊斯的助手，但很快他在管理上的天賦呈現了出來，一九七九年，他被任命爲公司總裁，主管研發和生產。有媒體評論說：「沒有諾伊斯，英特爾成不了大公司；沒有摩爾，英特爾成不了技術領先的公司；沒有葛洛夫，英特爾成不了高效率的公司。英特爾的三駕馬車每個人都很重要，但他們三人的合作更重要。」

英特爾早期的重要產品是電腦中的半導體記憶體。一九七〇年，英特爾開發出了世界上第一款動態隨機存取記憶體，用於替代之前的磁芯記憶體，很快占據了半導體記憶體的半壁江山。在接下來的十年裡，英特爾成長爲全球最大的電腦硬體製造商。

但是進入二十世紀八〇年代，大勢陡變。日本半導體公司以極高的性價比和巨大的技術、生產線投入迅猛崛起，記憶體市場由「美國內戰」變成了「美日對決」。葛洛夫在書中描述說：「當時從日本參觀回來的人，把形勢描繪得非常恐怖。日本生產的半導體記憶體品質大大超出了我們的預計。」

一九八〇年，日本半導體記憶體只占了全球不到三〇％的銷售量，然而僅僅五年後，不可能的情況發生了：日本實現了對美國的反超，包括英特爾、德州儀器在內的所有美國公司俱告虧損。

## 英特爾的策略轉捩點

一九八五年的一天，葛洛夫來到摩爾的辦公室。過去的一年，英特爾高層是在無休止的彷徨和爭吵中度過的。有人提出建一個巨型記憶體工廠，如同當年的太平洋戰爭一樣，與日本人面對面地打一次硬仗。有人提議採用差異化戰略，生產特殊用途記憶體，還有人認爲應該加大技術投入。

葛洛夫望著窗外，遠處一隻巨大的摩天輪在緩慢地旋轉。他問意志消沉的摩爾：「如果我們被裁，董事會請來一位新的CEO，你覺得他要做的第一件事是什麼呢？」

摩爾猶豫了一下，回答：「他會放棄半導體記憶體。」

葛洛夫想了一會說：「那就讓我們自己來做這件事吧。」

一九八六年，英特爾出現創業以來的第一次虧損。第二年，葛洛夫臨危受命升任公司的CEO。他決定放棄半導體記憶體業務，將注意力集中在中央處理器CPU上。

葛洛夫把這一時刻，稱爲策略轉捩點——策略轉捩點就是企業的根基即將發生變化的那一時刻，這個變化有可能意味著企業有機會上升到一個新的高度，但它也同樣可能標誌著沒落的開端。穿越戰略轉捩點為我們設下的死亡之穀，是一個企業組織必須歷經的最大磨難。

英特爾等於記憶體，這是多麼簡約而顯赫的公式，現在，締造者之一的葛洛夫要親手將之抹去。他關閉了八家工廠中的七家，裁員七千兩百人。公司幾乎在一種令人窒息的氛圍中摸黑轉型。

與ＩＢＭ的葛斯納需要惡意收購蓮花軟體公司才能獲得軟體技術不同，英特爾在微處理器上有深厚的技術儲備。早在一九七一年，英特爾就成功研發了全球第一個微處理器。

一九八九年，英特爾推出486 DX CPU，這是一個革命性的產品，它首次增加了一個內置的數學輔助處理器，將複雜的數學功能從中央處理器中分離出來，從而大幅度提高了計算速度。在此之前，用戶依靠輸入命令運行電腦，而有了486，只需點擊即可操作。486可以說是即將建成的網際網路大廈的重要基石之一。

一九九三年，英特爾奔騰（Pentium）處理器面世，它能夠讓電腦更加輕鬆地整合「眞實世界」中的資料，從講話、聲音到筆跡、圖片。奔騰讓英特爾在中央處理器的賽道上一騎絕塵，再度成爲全球最大的半導體公司。

一九九七年，安迪・葛洛夫當選《時代週刊》年度風雲人物。這是百年以來，職業經理人第一次獲得這一榮譽。

## 只有偏執狂才能生存

葛洛夫在《十倍速時代》一書中提出了「十倍速變化」這個新概念，它是對「摩爾定律」的一次反覆運算。

在葛洛夫看來，資訊技術的日新月異，讓所有企業的策略幾乎無法保持常新。「面臨十倍速變化，要想管理企業簡直難於上青天。」在這個時候，唯一可以依賴的，甚至不是理性，而是企業家的獨斷力和偏執力。一旦捲入了策略轉捩點的急流中，就只有感覺和個人判斷能夠作為你的指南。雖然是你的判斷將你送入了困境，但它也能救你出來。

所以，只有偏執狂才能生存。

就在葛洛夫成爲《時代週刊》年度風雲人物的時候，新的「十倍速變化」又開始了，世界進入了網際網路時代，高通、ARM等手機晶片設計公司開始侵入英特爾的領地，並迅速獲得了成功。

二〇一五年，英特爾以一百六十七億美元的代價收購Altera公司。二〇一六年三月二十一日，安迪・葛洛夫去世。四月，英特爾宣布推遲新晶片發布，這意味著，這家晶片巨頭退出了智慧手機晶片市場。在電腦時代穿越了死亡之谷的英特爾，在智慧手機和即將到來的物聯網時代，能否繼續它的傳奇？誰能夠幫助英特爾在噪音中分辨出信號，在絕境中窺見微光？誰能夠帶領它跨越新的策略轉捩點？

這個時候，你又需要從書架中找出葛洛夫的書籍，在一扇窗戶前閱讀，然後像他一樣，在絕望中眺望遠方變幻莫測的天空。

**閱讀推薦**

除了自傳性質的《十倍速時代》，葛洛夫還寫過一本實用手冊類的暢銷書：

- 《葛洛夫給經理人的第一課》（*High Output Management*）／安迪・葛洛夫　著

# 39 「全球第一CEO」養成記
## ——《傑克．威爾許自傳》

公司的業務策略結合體中間每個部門都「數一數二」，那麼在競爭中的定價權就會很大，公司結合體的風險就可以分散。

——傑克·威爾許

一九六〇年，二十五歲的傑克·威爾許（Jack Welch, 1935-2020）博士畢業，以助理工程師的身份進入通用電氣公司，年薪一萬零五百美元。二十一年後，他成了這家公司的董事長兼總裁，又過了二十年，他在巔峰時刻離去，被稱為「全球第一CEO」。

他自嘲說：「我經歷了許多的起起伏伏，就是從王子到豬玀，然後再反過來的過程。」確切地說，這也是通用電氣的百年寫照。

**百年企業的困境**

如果要把百年的美國工業史濃縮到一家企業身上，那麼，通用電氣也許是唯一的標本。它的創始人是美國史上最偉大的發明家湯瑪斯・愛迪生（Thomas Edison）。

一八七八年，愛迪生創立愛迪生電燈公司。一八九二年，愛迪生電燈公司和湯姆森—休斯頓電氣公司合併，成立了通用電氣公司。一八八四年，華爾街推出道瓊工業股票指數，愛迪生的公司就是最初的十二檔股票之一，一百多年後的今天，它是其中僅剩的一檔股票。

通用電氣的百年常青，是一次次的死去活來，正如彼得・杜拉克所感慨的，所謂的「百年企業」是不存在的，它們之所以能夠活下來，僅僅是因為在某些極危急的時間點上，出現了一個異端般的拯救者，他們改變了企業既有的軌跡，讓企業因「面目全非」而得以倖存。

在這個意義上，百年企業無規律可循，是不可追求的，傳奇俱是小概率的異數。

一九六〇年，當年輕的威爾許踏進通用電氣工廠大門的時候，美國工業正處在黃金時代。在二戰結束的時候，通用電氣還是一家純粹的美國公司，有三十多家工廠。而到了一九七六年，通用電氣在美國的製造廠已經擴展至共兩百二十四家，同時在全球二十四個國家擁有一百一十三家製造廠，已然是一家龐大的跨國公司。

更為典範的是，通用電氣是多元化策略的忠實實踐者，從最早期的白熾燈、無線電，到冰箱、空調等日用家電，再到工業機械領域，從商業飛機、核潛艇的引擎到雷達高度計，通用電氣的產品線長到難以計算，它還曾經擁有一家專門播出浪漫喜劇的電視網。通用電氣中央研究院的工程師獲得過諾貝爾物理學獎。

一九八一年，威爾許被推上了通用電氣董事長的寶座。而當他興致勃勃地坐上去的時候，寶座的底部已經在冒煙了。

這艘「超級油輪」似乎駛進了效率低下的淺水灘。在四十萬四千名雇員中，居然有兩萬五千名經理管理者，一百三十多人擁有副總裁的頭銜。從工廠到威爾許的辦公室之間隔了十二個層級。有一次，他在簽一份檔的時候驚訝地發現，在他之前已經有十六個人簽過了「同意」。他問自己：「我多簽上一個名字究竟有什麼價值？」

## 不是第一，就是第二

脫離了業務調整和管理創新，策略變革無從談起。威爾許在自傳中，一再表達類似觀點。他在剛剛當上董事長的時候，曾跑去求見杜拉克，諮詢有關企業成長的課題。杜拉克問了他一個簡單的問題：「假設你是投資人，通用電氣這家公司有哪些事業，你會想買？」這個問題對威爾許產生了決定性的影響。

經過反覆思考，威爾許做出了著名的策略決定：通用電氣旗下的每個事業，都要成為市場領導者，「不是第一，就是第二，否則退出市場」。

正是在這個原則下，威爾許開始對龐雜的業務線動起了大手術。

通用電氣的電器部門有四萬七千萬名員工，每年的利潤只有一億美元，所以，它成了被拋棄的「乾癟果子」。威爾許把電視機業務出售給湯姆遜（Thomson），換回了它的醫療事業部，而通用電氣的冰箱業務則被整體賣給了中國的海爾。

而一些不起眼的邊緣業務，卻得到了擴張。威爾許上任伊始，通用電氣信貸部門的人數不到七千名，卻貢獻了接近一億美元的利潤，他決心下注這一賽道。到他離任的時候，通用電氣金融服務集團的資產已從一百一十億美元陡增到三千七百億美元，成為新的戰略級「母牛」。

在冷酷的業務大洗牌中，威爾許砍掉了四分之一的企業，裁員十萬多人，為自己贏得了

「中子彈傑克」的綽號，他走到哪裡，哪裡就可能引發一場大爆炸。

在管理創新上，威爾許是「六標準差（Six Sigma）」管理法的最高調布道者，他因此又有了另外一個綽號「六標準差傑克」。

六標準差是一種管理策略，它是由摩托羅拉工程師比爾・史密斯（Bill Smith）於一九八六年提出的。這種策略主要強調制定極高的目標、收集資料及分析結果，透過這些來減少產品和服務的缺陷，最終實現「零缺陷」。

威爾許從一九九六年開始，在通用電氣全面推廣六標準差法，他要求通用電氣的業務領導者必須都變爲六標準差領導人，爲此他調整了公司獎勵計畫——年終獎的六〇%取決於盈利，四〇%取決於六標準差實施結果。

六標準差被認爲是「通用電氣從來沒有經歷過的最重要的發展策略」，在推行這一管理法三年後，通用電氣在銷售收入、利潤增長和流動資金周轉等核心指標上均出現兩位數的增長。

## 企業名家的數字勛章

企業家如同名將，每一枚勛章都是用數字鑄寫的。

在威爾許主掌通用電氣的二十年裡，公司市值從一百三十億美元增長到四千八百億美元，全球排名從第十位躍升爲榜首。因爲「數一數二」策略的成功，通用電氣旗下十二個事業部中的九個，如果單獨成軍，都可以入選《財星》雜誌評出的世界五百強企業。威爾許因此被《紐約時報》稱爲「美國當代最成功、最偉大的企業家」。

威爾許的自傳出版於他離任後的二〇〇一年，當時創下七百萬美元的預付版稅金紀錄，它也很快成爲當時發行量最大的企業家傳記。不過，與其他非虛構類著作不同的是，企業家的作品都是「半部著作」，因爲，儘管他「金盆洗手」了，可是企業還在江湖，人們仍然會在後來的時間裡評價他的策略的可持續性。

在自傳中，威爾許認爲，作爲企業的當家人，最爲首要的任務是尋找接班人。而極具諷刺性的是，這卻成了他日後最被詬病的一點。

威爾許上任時，是通用電氣史上最年輕的董事長，而他進入董事會的考評名單已經長達九年。他從主政的第一天起，就開始物色自己的接班人。二十年後，接替他的是「久經考驗」的傑佛瑞•伊梅特（Jeffrey Immelt）。此人任職了十六年，他離任的時候，通用電氣的市值跌回到了九百億美元，公司的業績表現在道瓊工業指數股裡排名倒數第一。

「我們將往哪裡去？通用電氣將成爲什麼樣的公司？公司的戰略又是什麼呢？如果我能從口袋裡取出一個密封的裝有通用電氣未來十年發展的宏偉藍圖的信封，這是再好不過的了。然而，我不能。」

這是一九八一年十二月，四十六歲的威爾許第一次以通用電氣董事長的身份在美國經濟界代表大會上發言時講過的話。在厚厚的《傑克•威爾許自傳》（*Jack: Straight from the Gut*）裡，這是僅有的幾句「眞理」之一。

**閱讀推薦**

除了自傳，威爾許還與妻子合著出版了另一本暢銷書：

- 《致勝》（*Winning*）／傑克・威爾許、蘇西・威爾許（Suzy Welch）著

這本書的書名成了很多創業者的唯一信條。

40

# 那個種植「時間的玫瑰」的人

## ——《巴菲特寫給股東的信》

在別人恐懼時我貪婪，在別人貪婪時我恐懼。

——華倫・巴菲特

在每年的五月份，全世界都會有數萬人買一張機票，飛赴美國內布拉斯加州的一個只有四萬個居民的小城奧馬哈市，聽兩位年逾八旬的老人絮叨幾個小時，這兩位就是華倫・巴菲特（Warren Buffett, 1930-）和查理・孟格（Charlie Munger）。

巴菲特還會在全球公開拍賣他的一次牛排午餐，價格已經從二〇〇〇年第一場的五萬美元，上漲到二〇一九年的四百五十六萬七千八百八十八美元。

在未來的三十年內，應該不會再出現第二個巴菲特了，因爲他的紀錄是「時間的玫瑰」：從一九六五年到二〇一八年，他的公司股價上漲了一萬兩千倍，年均複合增長率高達十八・七％，而同期，標普五百指數的年均複合增長率僅有九・七％。

對股市投資客而言，要親近這位百年一出的「股神」，最便宜的方式當然就是買一本《巴菲特寫給股東的信》（*The Essays of Warren Buffett: Lessons for Corporate America*）。

## 從口香糖到可口可樂

一九三〇年，巴菲特出生在美國內布拉斯加州的奧馬哈市，除了去外地讀大學，他就再也沒有離開過這座城市。

巴菲特似乎生來就是爲了跟錢打交道的。五歲時，他就逐門逐戶向鄰居推銷從祖父店裡批發來的箭牌口香糖，一盒五個，堅決不拆開賣，每盒賺兩美分。六歲時，他兜售可口可樂，每六瓶汽水賺五美分。十三歲時，他開始送報紙，建立了五條送報路線，每天早上送將近五百份，每個月可以掙到一百七十五美元，相當於當時一個白領的收入。

成年後的巴菲特出資購買了箭牌和可口可樂的股權，分別成爲它們的單一最大股東。理由當然不僅僅是爲了童年的記憶，而是因爲——無論經濟繁榮還是戰爭，人們都要嚼口香糖和喝可樂。

一九五〇年，巴菲特考進了哥倫比亞大學商學院，師從著名的投資人班傑明・葛拉漢（Benjamin Graham），這對他的一生影響重大。葛拉漢有一個「撿菸蒂理論」，即在經濟週期的波動中，會有一些股票如同被別人扔棄的煙蒂，往往還有撿起來抽最後一口的價值。

一九五七年，巴菲特成立了一家以他的名字命名的投資俱樂部，初期管理資金爲三十萬美元。他遵循老師葛拉漢的理論，不停地在股市裡尋找價值被低估的「菸蒂」，低購高拋，七年後，他的資金管理規模已達到兩千兩百萬美元。

一九六五年，巴菲特收購了一家叫波克夏•海瑟威（Berkshire Hathaway）的瀕臨破產的上市紡織公司，它後來轉型爲巴菲特唯一的投資平臺。

隨著資金管理規模的不斷擴大，股市裡已經沒有那麼多廉價的「菸蒂」可以讓巴菲特撿了，這時候，他幸運地遇到了終身的夥伴查理•孟格。在孟格的啓發下，巴菲特意識到，與其以低價買爛公司的股票，不如以高價買被低估的好公司的股票，然後長期持有它們。他的價值投資理論因而成型。他曾經開玩笑地說，是孟格讓他「從猩猩變成了人」。

巴菲特價值投資最經典的一戰，就是長期持有可口可樂公司的股票。

一九八八年，美國股市狂泄，巴菲特投入五•九三億美元重倉買入可口可樂股票，一九八九年大幅增持近一倍，總投資增至十•二四億美元，到十年後的一九九八年，他所持有的可口可樂股票市值已升到一百三十四億美元，一舉浮盈近一百三十億美元。

可口可樂符合巴菲特心目中的「最理想的資產」：其一，在通貨膨脹時期能夠創造出源源不斷的產品，這些產品本身能夠提價而保持其企業購買力價值不變；其二，只需最低水準的新增資本投入。

當然，比可口可樂更爲理想的投資標的，其實是巴菲特本人。如果在他購買可口可樂的一九八八年，有人購入波克夏•海瑟威的股票，然後一直持有至今，那麼三十年後，他的投資報酬率是一百二十倍。

## 巴菲特的投資法門

巴菲特一生蝸居小城，深居簡出，既不參加論壇，也不開壇授課，只是每年會親筆給股東寫一封信。一九九六年，法學院教授勞倫斯‧康漢寧（Lawrence Cunningham）召集了一次為期兩天的研討會，巴菲特和孟格都有參與，然後康漢寧根據研討發言和巴菲特歷年的致股東的信，編成了一本《巴菲特寫給股東的信》。

如果要學巴菲特的「法門」，這是唯一原汁原味的教材。

巴菲特的價值投資，首先投的是有價值的時代和有價值的國家。在二〇一六年給股東的信中，他曾算了一筆帳：美國人口的年均增長率約為〇‧八％，GDP增長的平均值約為二％，這聽上去並不令人印象深刻，但只需一代人的時間（比如二十五年），這個增長速度會帶來人均實際GDP高達三十四‧四％的增長，為下一代人帶來驚人的一萬九千美元的實際人均GDP增幅。如果是平均分配，一個四口之家每年可獲得七萬六千美元。

這一系列計算的所有前提是，這個國家一直處在增長的長期通道中。對巴菲特而言幸運的是，自獨立戰爭以來，美國正是這樣一個國家。因此，他很感慨地寫道：「兩百四十年來，押注美國會衰敗的人，一直在犯可怕的錯誤，現在依然如此……美國的孩子們的生活，將遠比他們的父輩要好。」

價值投資的另外一個核心，是投資有護城河的企業和優異的團隊。

護城河這個概念，是巴菲特在一九九三年給股東的信中第一次提出來的，他說：「可口可樂與吉列近年來在一點一滴地增加它們全球市場的占有率，品牌的力量、產品的特質與配銷管道的優勢，使得它們擁有超強的競爭力，就像是樹立起護城河來保衛其經濟城堡。」

很多年來，巴菲特和孟格每天的工作就是在美國乃至全世界尋找到那些有護城河的企業，然後覓機投資它們，「我們寧願擁有『希望之心』鑽石的部分權益，也不願擁有人造鑽石的全部所有權」。

巴菲特深信複利的力量，他形容複利是「把現在嫁給了未來」，對於華爾街那些活躍的明星基金經理，他一直嗤之以鼻。

二〇〇七年，一向溫和的他突然發起了一場賭局，在當年年底給股東的信中，他設了一場十年賭局——從二〇〇八年一月一日至二〇一七年十二月三十一日的十年期間，華爾街最好的五支對沖基金的投資回報率，將不如標普五百指數的業績表現。

十年很快過去了，最終的結果是，標準普爾五百指數累計上漲了一百二十五・八％，平均年收益達到八・五％。而五檔基金表現最好的累計只上漲了八十七・七％，平均年收益爲六・五％。

巴菲特贏得讓華爾街的金牌經理們啞口無言。

## 不會有下一個巴菲特了

巴菲特歸根到底是人，不是神，全世界最好的投資理論都有它的「阿基里斯的腳踝」（編注：意指致命的弱點）。

在過去二十年裡，美國經濟的復甦必須感謝矽谷，感謝亞馬遜、谷歌、臉書、網飛、特斯拉，正是這些新科技公司——而不是可口可樂、箭牌口香糖或能源公司造就新的經濟奇蹟。可惜的是，它們很少出現在波克夏・海瑟威的投資清單上。

很顯然，巴菲特不是它們的典型使用者，他迄今還保持了讀報的習慣，最多在網上打打橋牌。對於只投有護城河企業的巴菲特來說，這些企業在早期都沒有護城河，而一旦其構築起護城河時，又實在是太貴了。

巴菲特與比爾・蓋茲是非常親密的好友和橋牌搭檔，他向蓋茲慈善基金會捐助一千萬股波克夏・海瑟威公司的股票，價值超過三十億美元，但是巴菲特從來沒有買過微軟的股票。

在二〇一八年的奧馬哈大會上，有人問及爲什麼不投資亞馬遜，巴菲特脫口而出：「我太蠢了。」他坦率地說：「我從亞馬遜剛創業時就在觀察。我認爲傑夫・貝佐斯做的事情近乎於奇蹟……問題在於，當我認爲什麼事情是個奇蹟時，我就不會在它上面下注。」

波克夏・海瑟威首次投資新科技公司是在二〇一七年二月，而且投的是蘋果公司，此時賈伯斯已去世六年，庫克的蘋果已經徹底熟透，看上去非常像穩健而有護城河的可口可樂。

所以，在閱讀《巴菲特寫給股東的信》的時候，千萬記住：也許不會有下一個巴菲特了，但是，這個娑婆世界上，不僅僅只有巴菲特。

**閱讀推薦**

如果你對華爾街感興趣，可以讀一下：

- 《門口的野蠻人》（*Barbarians at the Gate*）／布萊恩・伯瑞（Bryan Burrough）、約翰・赫萊爾（John Helyar）著
- 《摩根傳：美國銀行家》（*Morgan: American Financier*）／瓊・斯特勞斯（Jean Strouse）著

# 41 生來只是為了改變世界——《賈伯斯傳》

我們出售夢想而非產品。

——史帝夫・賈伯斯

賈伯斯的故居在矽谷的帕羅奧圖市韋弗利街二一〇一號。這是一棟外表極不起眼的英式紅磚建築，外牆爬滿了薔薇。在賈伯斯去世前，這裡是普通軟體工程師喜歡棲居的地方，如今已成爲矽谷最昂貴的住宅區之一，一棟大別墅動輒千萬美元。

二〇一五年五月，我到那裡的時候正是晌午時分，整條街道空無一人。賈伯斯家的院子挺大的，低矮的木柵裡野花在光影中搖曳繽紛，有一朵紅色的罌粟花孤枝直上，開得無比放肆，宛若斯人猶在。

在那一刻，我的眼前突然浮現出一個場景：在此前的二〇一〇年的某些日子，病入膏肓的賈伯斯倦坐在這棟屋子的客廳裡，與華特・艾薩克森（Walter Isaacson）進行了三十多次談話，在他們的身後，時針無情地一格格前行。

艾薩克森問即將死去的賈伯斯：「爲什麼你選中了我？」

賈伯斯慘然一笑：「我覺得你很擅長讓別人開口說話。」

## 關於一九八四

在賈伯斯去世後的三個月，《賈伯斯傳》（*Steve Jobs*）出版。在扉頁處，艾薩克森把一九九七年蘋果電腦的一句廣告詞留在了那裡——

那些瘋狂到以為自己能夠改變世界的人，才能真正改變世界。

賈伯斯出生於一九五五年，跟比爾•蓋茲同年，比任正非、柳傳志小十一歲，比馬雲大九歲，比祖克伯大二十九歲。在長壽這件事情上，爭強好勝了一輩子的他是徹底輸掉了。

十九歲那年，只在大學讀了一個學期的賈伯斯就輟學了。兩年後，他與史蒂夫•蓋瑞•沃茲尼克（Stephen Gary Wozniak）在自家的車庫裡成立了蘋果公司。蘋果的標識是一顆被咬了一口的蘋果，它讓人想起二十世紀四〇年代偉大的英國電腦先驅艾倫•圖靈（Alan Turing），他破譯了納粹德國的密碼，最後卻咬了一口浸過氰化物的蘋果自殺。

讓世界眞正認識賈伯斯這個人（而不僅僅是蘋果電腦）是在一九八四年，他爲新上市的麥金塔電腦（Macintosh，簡稱 Mac）策劃了一則電視廣告：一個反叛的年輕女性從員警的追捕中逃脫，當獨裁者老大哥在電視上進行蠱惑人心的講話時，她掄起大鎚砸向大螢幕。

《一九八四》是喬治・歐威爾創作的一部政治預言小說，描述世界即將被一個老大哥所控制的故事。賈伯斯的這則廣告只在一九八四年一月二十二日的超級盃大賽中間播出了一次，但卻是史上最偉大的廣告——沒有之一，它告訴世界，年輕人的反叛從來沒有被遏止住。

從一九八五年到一九九六年的十一年裡，賈伯斯被驅逐出了蘋果，這家公司直到山窮水盡，才再次把他請了回去。一九九七年，賈伯斯推出令人驚豔的 iMac 電腦，讓賽場重新回到了「蘋果時間」。

當然，真正讓賈伯斯的名字在人類商業史上無法被繞過去的事，是他重新定義了手機。

## 外掛的人類器官

賈伯斯沒有發明手機（phone），他只是在 phone 前加了一個小寫的字母 i。iPhone 改變了世界。

二〇〇七年六月二十九日，蘋果公司推出自主設計的第一代 iPhone 手機，使用獨有的 iOS 系統。在一開始它遭到了媒體的嘲笑，市場反應也十分地冷淡。iPhone 的兩大技術亮點——觸控螢幕技術和數位照相鏡頭，分別是由諾基亞和柯達的工程師發明的。

但是，隨著一年一次的產品迭代，iPhone 爆發出了魔幻般的市場增長力，到二〇一〇年六月，第四代產品 iPhone 4 發表的時候，市場陷入了瘋狂的追捧和銷售熱潮之中。從此，世界上只有兩類手機，一類是蘋果手機，一類是其他手機。

在 iPhone 之前，手機僅僅是一種通話工具，而在 iPhone 誕生後，它成了一個「外掛的人類器官」。賈伯斯改變了手機的使用功能和場景，繼而重新想像了它的商業模式。不誇張地說，如果沒有賈伯斯，行動網路的呈現形態不會是今天的模樣，也可能不會產生如此巨大的衝擊力和滲透力。

二○一三年，曾經盤踞全球手機銷量第一長達十年的諾基亞全面落敗，在無奈之下被微軟收購，當時的CEO約瑪•奧利拉（Jorma Ollila）在記者招待會上說：「我們並沒有做錯什麼，但不知爲什麼，我們輸了。」

賈伯斯創造了一種新的企業哲學。他認爲，消費者是很難被迎合的，他們應該被引導，企業家需要發明一個東西，再讓消費者去適應它。所以蘋果所有的產品創新幾乎沒有一件來自於市場調查，它們都來自於賈伯斯的大腦。

未來是不可思議的，它只能由不可思議的人去把它創造出來。

## 做好自己

爲了創作《賈伯斯傳》，艾薩克森採訪了一百多人，包括賈伯斯的朋友、同事及敵人。幾乎所有回憶賈伯斯的人，都對他表示尊重，卻很少有人喜歡他。

這是一個很不討喜的人，甚至可以說是如假包換的「渣男」。他脾氣暴躁，特別固執，我行我素，還缺乏同情心。在二十三歲時，他與女友生下一個女兒，卻一直不願承認，連每月支付五百美元的贍養費都是法庭強制執行的。他的女友對艾薩克森說：「『成功』把他變成了一個『魔鬼』，而我就是他殘忍的對象。」

賈伯斯與同事和部下，很少有關係好的。更糟糕的是，他看不起那些智商比他低的人。他有一句口頭禪：「一個人，要嘛是天才，要嘛是笨蛋。」

在所有活著的美國人中，他唯一表示過尊敬的人是巴布•狄倫（Bob Dylan），一個得過諾貝爾文學獎的搖滾歌手。但也有人揣測，他之所以討好巴布•狄倫，一方面，是喜歡聽他的歌；另外一方面，是想要唬弄這個搖滾歌手，讓他的歌在蘋果音樂商店裡出售。

在網際網路行業裡，他和比爾•蓋茲相識於少年，但關係非常緊張，因爲是同齡人，所以有一時瑜亮的關係。

有一個故事是這樣的：有一次，賈伯斯發現，微軟抄襲了他的技術。他開車跑到微軟總部，衝進比爾•蓋茲的辦公室，對他破口大罵。

蓋茲等他罵完後，對他說：「史帝夫，你說我是抄你的，但是你的技術是抄人家施樂（Xerox）的。如果我是一個小偷的話，你就是一個強盜。」

賈伯斯聽完以後愣了一下，但是，他緊接著拍桌子說：「比爾，你知道嗎？我偷施樂，是爲了行業的進步；你抄我的，是爲了商業利益，所以你是一個小偷。」

他就是這樣一個「渾球」。

不過話說回來，像賈伯斯這樣的人，生來就不是讓你喜歡的，能跟他生活在同一時代，其實是一件滿幸運的事——只要你不是他的朋友就可以了。

二〇一〇年，即將去世的賈伯斯，在蘋果的應用商店裡看到了一款叫 Siri 的手機應用，它是一個語音助理工具，能夠線上回答你的問題。賈伯斯就從病床上爬起來，找到開發者，進行了三個小時的長談，隨後就把這個團隊收購進了蘋果公司。

如果你曾在蘋果的 Siri 裡問過這樣一個問題：「如何成爲賈伯斯？」Siri 的回答會是：「做好你自己。」

## 閱讀推薦

企業家的傳記類作品，推薦：

- 《我在通用的日子》／艾爾弗雷德・史隆　著
- 《自來水哲學：松下幸之助自傳》（松下幸之助夢を育てる）／松下幸之助　著
- 《日本製造》（*MADE IN JAPAN*）／盛田昭夫　著
- 《道路與夢想：我與萬科20年》／王石　著

# 42 「敬天愛人」的日本商業哲學

## ——《生存之道》

我的經營哲學沒有任何高招和技巧，只是用心把我的思想傳遞給他人，到達思想與行為上的共鳴和認可。

——稻盛和夫

在亞洲各民族中，以「蕞爾小島」立國的日本，具有最極端的民族個性。因資源匱乏，他們崇尚極簡主義，但凡有縫隙般的機會，便傾身而上，絕不惜力。同時，因地震海嘯頻發，他們對人生充滿了幻滅感，如櫻花驟開旋謝，所有的意義都在瞬間而已。這種精神氣質投入到商業文明的烈焰中，便是極致和偏執的雙重綻放。明治維新開始後，受了大唐上千年「文化恩賜」的日本人「脫亞入歐」絕不猶豫，而二戰潰敗後，又迅速低頭咬牙拚命，僅二十餘年後，便捲土重來。

從一九六四年東京奧運會到二十世紀八〇年代，是當代日本的經濟飛速發展時期。日本經濟總量超過德國，躍居世界第二。在電子製造業，日本公司對美國公司發動了全方位的致命挑戰，宛如一場新的太平洋戰爭。本書所推薦的安迪・葛洛夫和葛斯納的書，都是美日對決的眞實記錄。與此同時，一代具有鮮明風格的日本企業家集體出現，他們在企業文化、治理制度和競爭策略上都獨步天下，構成了一道極具東方特色的風景線。

有好事者，把這一代企業家中的最傑出四位，合稱爲「經營四聖」，他們是松下公司的松下幸之助、索尼公司的盛田昭夫、本田公司的本田宗一郎和京瓷公司的稻盛和夫。其中，稻盛和夫（1932-）年紀最輕，迄今仍活躍於商界。與松下等其他三位不同的是，稻盛和夫白手起家，獨立創建過兩家進入了世界五百強的公司，更在暮年把第三家世界五百強企業——日本航空拉出了巨虧的泥潭，這個紀錄舉世四望，恐怕無人可破。

## 「天人合一」的企業哲學

稻盛和夫自稱是一個鄉巴佬。他出生在海島，畢業於一所鄉村大學，講話有著濃重的地方口音，在注重門閥出身的日本，是一個很容易被邊緣化的「鳳凰男」。一九五九年，二十七歲的稻盛和夫以借來的五百萬日元創建京瓷公司，二十八位員工中有二十位是初中畢業生。就是靠著這群極爲平凡的普通人，京瓷成長爲一家以精密陶瓷技術爲核心的高科技材料公司。

在經營管理上，稻盛和夫崇尚「天人合一」的企業哲學，他常常自問：「作爲人，何謂正確？」透過自我反省，以利他之心，由己推人。

與強調科層管理的西方管理思想不同，稻盛和夫認爲「現場有神靈」、「答案永遠在現場」，所以，只有把決策權交予「現場」的每一個員工，才可能激發生產的積極性。京瓷以三個人爲最小的作業單元，讓其自行制定各自的計畫，並依靠全體成員的智慧和努力來完成目標。透過這一做法，第一線的每一位員工都能成爲主角，主動參與經營，進而實現「全員參與經營」。稻盛和夫稱之爲「阿米巴工作法」。阿米巴（Amoeba）在拉丁語中是單個原生體的意思，是地球上最古老、最具生命力和延續性的生物體，它能夠隨外界環境的變化而變化，不斷地進行自我調整來適應所面臨的生存環境。

阿米巴模式是日本式精益管理的一種極致狀態，是價值觀一致前提下的充分授權。最近十餘年，因資訊管理工具的普及，任何一個微小的管理顆粒度（granularity）都能夠即時被量化考核，因此這一模式在製造業和服務業突然爆紅。此外，阿米巴模式還被網路公司廣泛採用，以柔軟容錯的去中心化組織形態，應對不確定性的隨時挑戰。

一九八四年，日本進行通信改革，允許民營企業參與通信產業。當時，國營企業NTT壟斷這產業百餘年，日本大企業都按兵不動，不敢回應。作爲門外漢的稻盛和夫起而行之，以「動機至善，私心了無」爲哲學創辦了DDI公司。後來這家公司合併了豐田旗下兩家通信公司，組成KDDI，僅以十年，便成爲日本第二大電信企業，闖入了世界五百強。

二〇一〇年，國營企業日本航空陷入巨虧困境，在日本政府的徵召下，七十八歲的稻盛和夫披掛上陣，出任日本航空新會長。通過充分授權、降本增效和大規模的資產剝離，日本航空竟在短短的兩年時間裡便扭虧爲盈，創下令人瞠目的奇蹟。

## 人爲什麼要活著？

稻盛和夫自認是一個愚鈍之人，讀中學、大學的時候，考試常常不及格，進入職場，也沒有在大公司歷練熏陶。他的成功僅憑兩點——無比的勤勉和「敬天愛人」的信念。

早在一九八三年，稻盛和夫就創辦了公益性質的「盛和塾」，以布道之心傳播自己的企業哲學，他曾在十五年內創下演講四百場次的紀錄。「盛和塾」極盛時，有一萬四千名企業家學員，在全球十多個國家有五十八個分塾，其中，中國部是最大的海外分塾。

《生存之道》（生き方）一書出版於二〇〇四年。在那個時間點，日本陷入「失去的年代」，公司缺乏活力，社會罹患少子病，一種壓抑的空氣彌漫於整個國家。在稻盛和夫看來，這仍然是一個「只要肯努力，什麼都能得到，什麼都能做成」的時代，但是，人們卻消極悲觀。因此，首要解決的問題，正是要回答：「人爲什麼要活著？」

彼時，稻盛和夫已皈依佛門，並把自己在京瓷和KDDI的股份全轉贈給員工。他這本書幾乎沒有管理學的名詞或公式，也沒有引用或自創管理理論、策略模型，倒像是一部悟道者自言自語的隨想錄，其中充滿了勵志的文字和故事，讀來毫不費力。

「生存之道」可以分開來解讀：什麼是生存？到底有沒有現世法則？

他在書中講了一則故事。

修行僧問長老：「天堂與地獄，有什麼區別？」

長老答：「其實看上去也沒有什麼區別，從外觀看可能是一模一樣的，唯一不同的一點，就是住在那裡的人的心。」

這個對話中，蘊含了稻盛和夫全部的哲學起點：要經營好企業，我們內心一定要具備「爲世人爲社會盡力」的美好的意識。

二〇一九年年底，八十七歲的稻盛和夫做出了一個令所有人大吃一驚的決定，他宣布解散正紅紅火火的「盛和塾」。他不願意在自己的身後讓這個機構成爲販賣成功學的「容器」。

斯人從貧賤中走來，得無窮榮耀與功業，生前即被封聖，最終散盡錢財，親拆「神壇」。他的書算不得深奧，卻如清風過竹林，在不著痕跡間，拂人面、沁人心。

**閱讀推薦**

稻盛和夫著作頗豐，僅《生存之道》系列就有四部，其他還有：

- 《稻盛和夫工作法：平凡變非凡》（働き方）／稻盛和夫　著
- 《稻盛和夫的實踐阿米巴經營》（稲盛和夫の実践アメーバ経営：全社員が自ら採算をつくる）／稻盛和夫　著
- 《拯救人類的哲學》（人類を救う哲学）／稻盛和夫、梅原猛　著

日本人喜從技藝中悟道，推薦武士宮本武藏、民藝傳播人柳宗悅的兩部作品：

- 《五輪書》（ごりんのしょ）／宮本武藏　著
- 《工藝之道》（民芸とは何か）／柳宗悅　著

對日本式生產管理感興趣的讀者，推薦：

- 《追求超脫規模的經營：大野耐一談豐田生產方式》（トヨタ生産方式——脱規模の経営をめざして）／大野耐一　著

第六部分

# 誰來講述中國事？

這個曾經衰老的東方國家正以讓美國人陌生的方式崛起，
中國貨潮水般湧向全世界並開始遭遇抵制，
東亞格局正在朝新的方向演變
而美國在尋找更均勢的平衡機制。
歷史在這樣的一雙眼睛裡，
似乎沒有懸念而只有必經的輪迴。

# 43 用腳寫出來的中國模式
## ——《江村經濟》

鄉土社會的信用並不是對契約的重視，而是發生於對一種行為的規矩熟悉到不加思索時的可靠性。

——費孝通

一九三九年，二十九歲的費孝通（1910-2005）出版了英文版的《江村經濟》一書，日後它被奉爲中國社會學的奠基之作，費孝通還是世界上第一個指出鄉村也能發展工業經濟的經濟學家。

其實現實中並沒有「江村」這麼一個村莊，它的原型叫開弦弓村，在距離上海約一百公里的江蘇省吳江縣（現吳江市）。

這本書的誘因是一個讓人心碎的青春悲劇。

一九三五年秋天，清華大學社會系學生費孝通與新婚妻子王同惠前往廣西大瑤山做瑤寨實地調查，在翻山越嶺時，費孝通誤入瑤族獵戶爲捕捉野獸而設的陷阱，王同惠爲了救他，獨自離去尋援，不慎墜淵身亡。

第二年開春，爲了療傷和平撫喪妻之痛，費孝通來到他姐姐費達生居住的開弦弓村。在這裡，他拄著雙拐，帶著一顆破碎的年輕的心，開始了一次細緻的田野調查，《江村經濟》就是結出來的成果。

## 農村也可以有工業

蘇南的吳縣一帶，自明清以來就是江南蠶織業最發達的地區之一，晚清時期，歐洲的機織技術引進中國後，這裡的紡織工業就開始萌芽，費孝通無意中找到了觀察中國鄉村工業的最佳試驗點。

當時流行的經濟觀點認爲，工業的發展必須集中於城市，鄉村最多是原料和勞工的來源地，費孝通則不這樣認爲。他說：「若都市靠了它的技術的方便，代替農村來經營絲業，使本來可以維持生活的農民成了饑民，成了負債的人，結果是農民守不住耕地，都向都市集中。在農村方面，是經濟的破產，在都市方面是勞動後備隊伍的陡增，影響到都市勞動者的生機……所以，我們想達到的就是把絲業留在農村，使它成爲繁榮農村的一種副業。在農村設廠，規模就要受到人口的限制，所以我們尋求最小規模、最大效率的工廠單位。」

費孝通的這種觀察超出了同時代的所有人，不獨在中國，即便在全球學界也是獨步一時，它完全不同於亞當•斯密和李嘉圖的大工業設想，而是一種來自於中國的經濟思想靈光。事實上，開始於一九七八年的中國經濟大改革，鄉鎮企業成爲「預料之外」的突破口，正是從這裡萌芽的。

開弦弓村在一九二九年一月，就購進了先進的繅絲機，辦起了生絲精製運銷合作社絲廠，它被認爲是現代企業史上第一個農民自己辦的絲廠。村裡還成立了民間銀行性質的信用合作社，費孝通的姐姐、畢業於東京高等蠶絲學校製絲科的費達生正是這一事業的重要宣導者。

這些新事物的出現讓費孝通好奇不已。他把開弦弓村當成是「中國工業變遷過程中有代表性的例子，主要變化是工廠代替了家庭手工業系統，並從而產生社會問題」。

而他最終得出的調查結論是這樣的：「由於家庭工業的衰落，農民只能在改進產品或放棄手工業這兩者之間進行選擇，改進產品不僅是一個技術問題，也是一個社會再組織的問題……因此，僅僅實行土地改革、減收地租、平均地權並不能最終解決中國的土地問題。最終解決的辦法，不在於緊縮農民的開支，而應該增加農民的收入。因此，讓我再重申一遍，恢復農村企業是根本措施。」

## 農民爲什麼還是那麼窮？

一九三八年春，費孝通在英國倫敦政治經濟學院完成了他的博士論文，這就是第二年出版的《江村經濟》，這本書一直到一九八六年才被翻譯成了中文在中國出版。它被看成是社會學中國學派的代表作，是社會學的研究物件從「異域」轉向「本土」，從「原始文化」轉向「經濟生活」的嶄新嘗試。

不過，它的經濟學意義從未被發現。因爲從二十世紀四〇年代到七〇年代，從來沒有一個國家嘗試在農村培植自己的工業基礎，這是反大工業的，是可笑的。

費孝通一直以來被看成是一個社會學家，他當過中國社會科學院社會學研究所所長和中國社會學會會長，而他的觀點在經濟學界受到關注是從批判開始的。

一九五七年，他重返二十多年未歸的開弦弓村做調研，在那裡，他又從田野裡拾回了三十年前長出來的那個疑惑：「農民為什麼還是那麼窮？」在〈重返江村〉一文中，他大膽地設問：「現在土地制度變了，每個農戶都擁有了土地，怎麼還是缺糧食呢？」他走村串戶，盤帳計算，得出的結論是「問題出在副業上」。

他寫道：「我提出這個主張和當前的趨勢是不合的。至少過去幾年裡，似乎有農業社只搞農業，所以加工性質的生產活動，都要交到其他系統的部門，集中到城鎮去做。甚至像礱糠加工這樣的事都不准在農業社裡進行。在開弦弓村我就看到有個礱穀機，很可以把礱糠加工成為養豬的飼料。但是鎮上的礱穀廠不准他們這樣做，寧可讓村裡大批礱糠當燃料燒掉。以蠶繭說，烘繭過程也要劃歸商業部門去做，結果實在不很妙。但是看來國家遭受損失事小，逾越清規卻事大。」

費孝通重申了他在年輕時得出的那個結論：「在我們國內有許多輕工業，並不一定要集中到少數都市中去，才能提高技術的。以絲綢而論，我請教過不少專家，他們都承認，一定規模的小工廠，可以製出品質很高的生絲，在經濟上打算，把加工業放到原料生產地，有著很多便宜。」

他更大膽地用資料說明鄉村工業的倒退：「總的看來，副業方面現有的水準是沒有二十一年前高了。作一個大約的估計，一九三六年，副業占農副業總收入的四〇%多，而一九五六年，卻不到二〇%。」

在大躍進狂飆即將到來的前夜，這樣的觀點理所當然地受到了猛烈的批判，費孝通被指責

「在副業上大做攻擊共產黨的文章」、「反對社會主義工業化」。在隨後開展的反右運動中，他被劃爲著名的大右派，在其後的二十年中，淒慘度日，自稱「連一張書桌都沒有」。

## 中國經濟改革的突破口

一九七八年，費孝通始得平反。誰也沒料到的是，他在一九三五年所期望的「農村企業」竟成了日後中國經濟改革的突破口。

一九八一年，費孝通第三次訪問開弦弓村，他看到家庭工業開始復甦，家庭副業的收入占了個人平均總收入的一半，而在吳縣一帶，鄉鎮工業遍地開花，甚至跟城裡的大工廠爭原料、爭能源和爭市場。一九八三年底，費孝通寫出〈小城鎮再探索〉一文，認爲農民充分利用原有的農村生活設施，進鎮從事工商業活動，在當前不失為最經濟、最有效的辦法。

正是在這篇文章中，他第一次提出了「蘇南模式」。他寫道：「從西方工業革命發展的歷史經驗上看去，蘇南的鄉鎮工業是不倫不類，難以理解的東西，而從中國農村的家庭經濟結構上看去，鄉鎮工業卻是順乎自然的事情……與西方工業革命的歷史相對照，草根工業無疑是中國農民的一個了不起的創舉。」

一九八六年，已經是全國政協副主席的費孝通在一篇新聞報導中看到，在浙江南部的溫州出現了一種有別於蘇南模式的民間工業，七十六歲高齡的他當即親赴溫州考察。陪同者描述：「費孝通一行在鄉鎮政府的接待室裡聽介紹，四周窗子的玻璃是殘缺不全的，冷風絲絲吹進，他雖然穿著呢大衣，可清鼻涕仍不由自主地淌下來，雙腳也凍得難受，有點坐不住。」不過，在溫州看到的景象還是讓這個睿智的老人很興奮。

當時在國內，對溫州私人經濟的批判和討伐之聲不絕於耳，而開明的費孝通則認爲，「用割的辦法是不能奏效的，割了還會長出來」。他撰寫了長篇調研報告《溫州行》，後來又提出了「溫州模式」的概念。

蘇南模式和溫州模式成爲中國民營經濟最引人矚目的兩大成長模式，竟然都出自費孝通之觀察，斯人貢獻，以此爲大。一九九〇年之前，每逢宏觀調控，鄉鎮企業都成遭受整頓的對象，但費孝通一直是鄉鎮企業最堅定和大聲的捍衛者。

## 小心翼翼的改良主義者

費孝通長壽，逝於二〇〇五年，晚年名滿天下。他年輕時英俊清瘦，入中年後則胖碩開朗，能寫一手好律詩，做起學術文章來卻是婦孺能懂，舉重若輕。

我曾在一九九七年訪問過費老，面對後輩小生，他不厭其煩，耐心以對，反覆說的一句話正是：「農民和農村的問題解決了，中國的問題就解決了。」日後，每當談論農村問題，我總是會不由自主地自問：「費老會怎麼看這個問題呢？」

遙想一九三六年的那個開春，當青年費孝通拄著拐杖，好奇地走進開弦弓村的那一天起，他就是一個小心翼翼的改良主義者，在他看來，社會是多麼靈巧的一個組織，哪裡經得起硬手硬腳的嘗試？如果一般人民的知識不足以維持一種新制度時，這種制度遲早會蛻形的。

## 閱讀推薦

中國有不少學者在三農（農村、農民、農業）問題上，以實為證，頗有見地。在這裡推薦兩位，一位是曾經在長白山當過獵人的經濟學家周其仁，而另一位是被譽為「用腳做學問的學者」溫鐵軍：

- 《城鄉中國》/周其仁　著
- 《三農問題與世紀反思》/溫鐵軍　著

# 44 費正清的眼睛
## ——《美國與中國》

每一代人，都學會了他們要扮演的最後角色，無非是當下一代人，進門前用腳踩踏一下的墊子，這是值得，也是應盡的一種義務。

——費正清

一九三二年一月二十日，身材瘦瘦高高、二十五歲的哈佛大學研究生費正清（John King Fairbank, 1907-1991）乘汽輪到了上海吳淞口碼頭。他原本打算在這裡與新娘費慰梅（Wilma Canon Fairbank）舉辦一場東方式的婚禮，誰知道一週後爆發了一二八事變，他倉皇逃到北平，婚禮的規模要比他預想中的小但充滿了更多的神祕氣氛。

他在日記中記載道：「我帶著新娘沿著皇宮的路回家，乘車穿過宮殿的大門，黃昏時抵達我們居住的胡同。在燭光下，我們甜美而親密地吃西餐，屋外傳來中國人舉辦婚禮的笛聲和銅鑼聲。」

就在這樣的文化交錯中，費正清開始了他命中註定的「中國式人生」。

## 只用自己的眼睛看中國

新婚後的費正清在中國斷斷續續待了七年。他去了許多地方，結識了很多一流的中國學者，他最喜歡的朋友是梁啓超的公子梁思成和他美麗無比的妻子林徽因。與美國著名記者愛德加•史諾（Edgar Snow）和政治家司徒雷登（John Leighton Stuart）不同，學究氣很重的費正清不喜歡輕易地「站邊」，他只想用自己的眼睛來看中國。一開始他對中國的未來充滿了悲觀和懷疑，他甚至認爲，如果日本擴大侵略，「農民將會默默地歡迎他們，因爲農民的處境不會比現在更壞」。但是，四年後，他漸漸改變了這些觀點。

在抗戰的相當長時間裡，他主持美國國務院的北京新聞處工作，向羅斯福總統彙報中國動態並提出建議是他最重要的工作。從後來公開的信函中可以看出，費正清一直在梳理自己對中國的觀察。在一開始，他認爲中國是美國價值觀與其他價值觀衝突的戰場，因而文化上的改造是最重要的課題。幾年後，他意識到科學與民主的推廣似乎更爲迫切。當他接觸到一些左翼人士後，他又認爲那些能夠解決土地和農民問題的、受過西方知識份子教育的中國人才應該是未來的領導者。

這都是一些交錯在一起的問題，它們從二十世紀初就開始呈現在所有關心中國問題的人的眼前，一百年來，交織往返、纏纏綿綿，以一種混沌的姿態向前寸進。費正清用一雙外人的眼睛，時而看得清楚，時而看得模糊，不過由於沒有摻雜過多的情感因素，比絕大多數的中國人要眞實一點。

## 「皮美骨中」的西方人

一九四八年，費正清出版了《美國與中國》（*The United States and China*），自此他被公認爲第一流的中國問題專家，他此後的生命便一直站在美國與中國這個接觸點上，左顧右盼。他的觀點越來越趨於務實。

他是最早主張美國政府與中華人民共和國建交的知名人士。越戰一結束，他就建議美國政府透過旅遊業與中國接觸，並力主取消貿易禁運。他說：「意識形態上的偏執，正在損害美國和中國的利益。」即便是在學術方面，他也越來越趨於方法論上的討論。

馬若德（Roderick MacFarquhar）在一九七三年匆匆出版了《文化大革命的起源・第一卷》（*The Origins of The Cultural Revolution*），他在第一時間把書稿投寄給費正清，希望得到這位最權威的中國問題專家的指教。費正清十分喜歡這個極具天分、對中國問題入迷卻從來沒有到過中國的青年人，他把馬若德調進了哈佛大學的費正清研究中心，並在最後讓他接替自己當上了中心的主任。不過他對後者有過一個很有趣的忠告，他告訴馬若德：「在中國的黃河上逆流行舟，你往往看到的是曲彎前行的船，而沒有注意到那些在岸邊拉縴的人們。」也就是說，你必須站得更高更遠，才能看清事實的全部。

晚年的費正清堅信：「中國和美國可能處在兩條終將相會的道路上，因爲我們都在致力於各自的現代化。」

他在一九八七年出版的《觀察中國》（*China Watch*）中寫道：「鄧小平近幾年推行的務實主義，不是使人聯想到毛澤東，而是使人聯想到約翰・杜威（John Dewey）於一九一九年對中國進行的講學以及當時『五四運動』胡適派的改良主義觀點。」這種長跨度的、戲劇性的歷史衍續在費正清的眼中似乎從來沒有斷裂過。

在另一篇文章中，他告訴人們：「中國可能選擇的道路，各種事件必須流經的管道，比我們能夠輕易想像到的更窄。」他之所以說「更窄」，而不是說「更多」或「更廣」，確乎有他自己的判斷。作爲一位高齡的歷史學家，他似乎從經驗與觀察中看到了歷史的某種必然性，否則不會這樣寫。

費正清致力於中國問題研究長達六十年，直到一九九一年去世。他被公認是西方思想界的「頭號中國通」，甚至是一個「皮美骨中」的西方人。他創建了哈佛大學的東亞研究中心，這個機構到今天還是歐美最重要的中國問題研究重鎭，他主編的《劍橋中國史》（*The Cambridge History of China*）前後創作時間長達二十五年，聚集了世界各地十二個國家的一百多位中國問題研究專家撰稿，展示了國外對中國史研究的最高水準。一九九一年九月十二日，他把剛剛完成的書稿交給哈佛大學出版社，兩天後去世。

## 以俯瞰的視角觀察中國

費正清喜歡用一種俯瞰的視角觀察中國，在成名作《美國與中國》的開篇第一段他就如此寫道：「中國人民生活的根本問題，常常可以從空中一眼看出：受到侵蝕的棕黃色丘陵、混濁江河氾濫的平原、小塊小塊的綠色田地，以及攢聚在一起形成村落的簡陋茅屋、錯綜如網狀的銀白色水稻梯田和水路，是無數世代折斷腰背苦力勞動的見證——這一切都是由於太多的人，過分密集在太少的土地上，從而使人們爲了維持生命，耗竭了土地資源，以及人的智慧和耐力。」

費正清的眼睛肯定還在天上望著中國，他看見這個曾經衰老的東方國家正以讓美國人陌生的方式崛起，他看到中國貨潮水般湧向全世界並開始遭遇抵制，他看到東亞格局正在朝新的方向演變而美國在尋找更均勢的平衡機制。

如果他回到二十五歲時登陸的上海吳淞口，他會看到那些消失了半個世紀的外國銀行又紛紛搬回原來的大樓，而他回到迎娶費慰梅的西總布胡同，還會看到黃昏下新的婚禮正在舉辦，新人一邊吃西餐一邊聽屋外悠揚的笛聲和喧囂的銅鑼聲。

歷史在這樣的一雙眼睛裡，似乎沒有懸念而只有必經的輪迴。

### 閱讀推薦

以腳行走當代中國的外國作家，推薦何偉（彼得・海斯勒，Peter Hessler）的三部曲：

- 《尋路中國》（*Country Driving*）／何偉　著
- 《消失中的江城》（*River Town: Two Years on the Yangtze*）／何偉　著
- 《甲骨文》（*Oracle Bones, A Journey Through Time In China*）／何偉　著

# 45 如果世界結束於一八二〇年——《大分流》

關於中國，到現在為止，我們仍然缺少詞彙可以充分描述在至關重要的方面與西方經歷不同，但仍然指向同樣的「現代」社會的那些變革。

——彭慕蘭

如果世界結束於一八二〇年，那將是一番怎樣的格局？

彭慕蘭（Kenneth Pomeranz, 1958-）的答案是：為此前的三百年寫一部全球經濟史，它的主體就會是東亞的奇蹟——人口迅速增長，生活水準有節制但穩定地提高。結尾的簡短的一章，可能提到遙遠的大西洋沿海有相當少量的人口似乎享有甚至更快的人均增長率——儘管或許不是太快。

而在那個時候，第一次全球化運動已悄然開始。當法國國王舉杯喝咖啡的時候，他手中的瓷杯是中國製造的，咖啡來自巴西，所加的糖則產自非洲，如果再來上一塊巧克力，則來自中南美洲或東南亞的雨林，而這些商品的交易，使用的是墨西哥出產的銀幣，由西班牙人鑄造。

安格斯・麥迪森（Angus Maddison）在資料上支援了上面的描述：從一七〇〇年到一八二〇年，中國的人口從一・三八億增長到三・八一億，增長速度幾乎是歐洲的兩倍、日本的八倍，GDP增速快於歐洲，經濟總量占全球經濟的三分之一。

那麼，爲什麼到了一八二〇年之後，是歐洲而不是中國或其他國家，成了世界的中心？

彭慕蘭是美國加州大學爾灣分校的歷史學教授，授業於史景遷。他在二〇〇〇年提出了「大分流」的概念，成爲有別於歐洲中心論和費正清的「衝擊－反應」模式的一種新解釋。

## 地理決定論

作爲一位比費正清年輕五十一歲的歷史學家，彭慕蘭必須從前輩的鏡子後面去尋找眞相。他在《大分流》（*The Great Divergence*）一書中提出了一個古怪的問題：同樣是棉紡織中心，歐洲的英格蘭爲什麼沒有發展成中國的江南？

在十八世紀，中國和歐洲最大的工業部門都是紡織業，在一七五〇年前後，長江下游的江浙地區，紡織業者的人均生產棉布數量等於甚至超過了歐洲最發達的英格蘭，兩個地區在生活水準、平均壽命、商業化和勞動分工程度等方面，都沒有實質差別。接下來之所以會出現「大分流」，彭慕蘭分析了制度和資源兩方面的原因。

在制度上，中國的男耕女織模式，使得勞動力的投入成本幾乎爲零，而反對人口流動的帝國政策，則讓新的生產力創新缺乏必要性，因此形成了所謂的「內捲化經濟」，或用中國學者金觀濤的話說，構成了一個「超穩定結構」。

在資源上，英格蘭唯一的一個優勢是煤，作爲礦物質燃料，煤成爲工業革命的新能源。但彭慕蘭強調的並不是煤的使用或煤的產量，而是英國煤礦的地理位置及地質狀況。

彭慕蘭認爲英國煤礦位於經濟發達的核心地區，運輸費用低廉，煤可以被大量推廣。而中國當時的煤礦分布於山西，距江南經濟發展核心區較遠。另一方面，英國煤礦含水量大，開採時需不斷抽水，促進了蒸汽機的發明。中國山西的煤礦則相反，地下相當乾燥，經常遇到的問題是煤層自燃，只需要改進通風技術就能解決這一問題。因此，即使中國的煤礦能夠有大發展，這種通風技術也不能產生像蒸汽機那樣革命性的科技發明。

彭慕蘭甚至考據認爲，中國人很久以來就知道蒸汽機所用的基本科學原理，並且掌握了一種與瓦特的發明十分相似的雙重運動的活塞／圓筒體系。所以，用嚴格的技術眼光來看，這一工業革命的中心技術也可以在歐洲以外的地方發展。

由此，彭慕蘭提出了一種類似於「地理決定論」的結論。

## 「大分流」的根本原因

大凡歷史學家有兩種，一是透過考據發現歷史，一是透過演繹解讀歷史，彭慕蘭顯然屬於後者。

關於中國工商史，有很多待解之題：我們發明了火藥、指南針和造紙術，在春秋時期就提出了「士農工商」分工理論，元宋發明了紙鈔，明初出現了最早的股份制公司，可是爲什麼這些發明和制度創新，都沒有讓中國走向資本主義？

彭慕蘭在《大分流》中認爲，中華帝國的經濟政策從來不是爲了發展經濟，而是出於穩固政權和避免階層矛盾的目的，而在歐洲，各國的政權不是能靠穩定維持的，而必須依賴於競爭和擴張，十八世紀之後，新大陸的發現，是「大分流」出現的根本性原因之一。

彭慕蘭提出了一個與眾不同的觀點，他認爲，新大陸殖民地的作用主要不在於以前學術界常常提到的資本積累、工業品市場、廉價的資源和農奴勞動等，而是新大陸提供了豐富的土地集約產品（首先是棉花，然後是木材和穀物等）解除了西歐受到的生態制約，從而使工業革命能夠迅猛發展，令西歐與世界其他部分發生了巨大的分流。

與此同時，很多制度創新應用則又與全球化擴張有關。比如股份制公司，在工業革命初期，一般的工商企業並不需要規模很大的資本，所以股份制公司對工業革命並不是必要的。但是，隨著海外市場的擴張，股份制公司對風險的抗衡效應就被徹底啓動了，繼而，出現了以股權交易爲核心的現代資本市場和契約規則。

## 喜歡玩樂高遊戲的歷史學家

跟他的老師史景遷一樣，彭慕蘭從來都是在書籍、論文和影印資料裡去解讀中國。所以，這一類學者所提供的中國圖景，既充滿了細節和資料，又十分抽象。

大分流理論的提出，正值二十一世紀之始，中國加入世界貿易組織（WTO），崛起爲全球經濟的新勢力，中國與西方的關係再度成爲焦點。彭慕蘭等人被稱爲加州學派❽，他們反對歐洲中心論，宣導從地理、資源和技術變革的角度重新解釋歷史。在他們看來，中國自身的演

❽ 加州學派是以研究中國經濟史爲主，並積極運用新經濟史學研究方法的一個新興學派。

變邏輯大於所有的外部衝擊，在這個意義上，一五〇〇年或一八四〇年，都並沒有那麼重要，歷史的合理性永遠大於所謂的必然性。

彭慕蘭的同事王國斌在《轉變的中國：歷史變遷與歐洲經驗的局限》（*China Transformed: Historical Change and the Limits of European Experience*）一書中，主張創立新的關於中國的「國家形成說」。

他提出了兩種分析方法，一是從歐洲的角度來評價中國的國家形成，二是根據中國的經驗來評價歐洲，透過這種方法把比較中的主體與客體的地位進行轉換。

加州學派有很多的擁躉，尤其在中國，因爲他們間接地論證了中國特色的歷史性存在，儘管他們無力完成對此的理論建構，卻開拓出了新的論述空間。同時，也有不少激烈的反對者，他們認爲大分流理論很容易導向於「歷史的虛無」，模糊了人類文明進步的共同價值觀。

彭慕蘭是一個喜歡「反問」的學者，他反問：「爲什麼英格蘭沒有成爲江南？」他問：「全球化不是什麼？」他反問：「爲什麼是致癮性食品——茶葉、鴉片、咖啡，而不是糧食成爲全球貿易的頭等交易品？」

這些反問是那麼有趣而引人入勝，它們以問題爲導向，把歷史的碎片重新組裝搭建。也許應該說，彭慕蘭是一個喜歡玩樂高遊戲的歷史學家。

## 閱讀推薦

關於中國轉型的歷史研究，推薦：

- 《中國經濟的長期表現》（*Chinese Economic Performance in the Long Run*）／安格斯・麥迪森（Angus Maddison）著
- 《轉變的中國：歷史變遷與歐洲經驗的局限》／王國斌 著
- 《講述中國歷史》（*Telling Chinese History：A Selection of Essays*）／魏斐德（Frederic Evans Wakeman, Jr.）著

# 46 一位少校軍官的「大歷史」

## ——《萬曆十五年》

當一個人口眾多的國家，各人行動全憑儒家簡單粗淺而又無法固定的原則所限制，而法律又缺乏創造性，則其社會發展的程度，必然受到限制。

——黃仁宇

「西元一五八七年，在中國爲明萬曆十五年，論干支則爲丁亥，屬豬。當日四海昇平，全年並無大事可敘……在歷史上，萬曆十五年實爲平平淡淡的一年。」

在當代歷史學者所寫的浩如煙海的書籍中，這可能是最著名的一個開場白了。讀者在開卷的第一刻就被作者帶進了一個懸念：既然這一年「無大事可敘」，又實爲平平淡淡，那麼，你爲什麼要用一部書的篇幅去寫它呢？

而撲朔迷離的疑問背後，卻又浮出了作者無比的雄心：你即便在大海的任何一個角落勺起一杯水，我都能告訴你整個大海的祕密。

《萬曆十五年》（*1587, A Year of No Significance: The Ming Dynasty in Decline*），作者黃

仁宇（1918-2000），在過去的二十年裡，它一直是全國書店銷量排名第一的歷史類書籍。在這本不厚的圖書裡，難以計數的青年人第一次找到了閱讀中國歷史的樂趣。

## 歷史如舞臺，定格於一時

黃仁宇不是學歷史出身的，他就讀的學校是黃埔軍校成都分校，在砲火瀰漫的二十世紀四〇年代，他在國民黨軍隊當排長、代理連長，先是與日本人戰，再與共產黨軍隊戰，曾獲陸海空軍一等獎章，最高的軍銜是少校參謀。

一九四九年後，黃仁宇倉皇逃到美國，在餐廳洗碗碟，在堆棧做小工，爲了謀生，意外闖入歷史學界。他的老師是比他小十二歲的余英時，博士論文做的是明朝的漕運與財稅政策。因半路出家，他不被小小的海外中國史學圈所待見，惶惶任教於一些三流的美國大學，如果沒有《萬曆十五年》，他早已寂於芸芸眾生。

也正因爲可憐的邊緣化狀態，反倒讓黃仁宇全然沒有了「學術轠繩」的約束，他的寫作掙脫了所謂的「學院圈格」，自成一派，肆意汪洋。

在成名後，他有點得意地寫道：「不時有人說及，黃仁宇著書缺乏歷史的嚴肅性，他們沒有想到，我經過一段時間奮鬥才摒除了所謂嚴肅性。」

《萬曆十五年》共七章，其實是幾個人物特寫，分別是一個皇帝（萬曆）、兩個首輔（申時行和張居正）、一個清官（海瑞）、一個將軍（戚繼光）和一個文人（李贄），描述他們在萬曆十五年前後的行跡。在開篇處，黃仁宇有意無意地給出了一個全球化的視角：「一五八七年，在西歐歷史上爲西班牙艦隊全部出動征英的前一年。」

帝國「無大事可敘」，暗合的是一種無進無退、休眠般的「超穩定結構」。在地理大發現和文藝復興運動已經到來的時刻，地球上人口最多、經濟體量最大的帝國卻毫無進步的生機可言。黃仁宇以細膩的筆觸呈現了種種的細節，從廟堂上的勾心鬥角、後宮裡的杯水波瀾，到禮教的口水爭執及沿海邊境的剿寇行動，歷史如舞臺，定格於一時，各色人物隆重登場，無比地熱鬧，卻又寂寥得令人心慌。

陳從周說，最好的園林應當「疏可跑馬，密不容針」，黃仁宇的歷史寫作近乎矣。

## 當代制度視野下的歷史剖析

黃仁宇給自己的歷史觀起了一個新名詞，叫「大歷史觀」。迄今，這個名詞如同「圍城」，史學界的人大多嗤之以鼻，而圈外的歷史愛好者們卻似乎津津樂道。

「大歷史觀」的所謂「大」，有兩層含義。

一是今人對古人的合理化解讀。

陳寅恪在爲馮友蘭的《中國哲學史》寫審查報告時曾提及：「凡著中國古代哲學史者，其對於古人之學說，應具瞭解之同情，方可下筆。」錢穆把陳先生的觀點更提煉爲「溫情之敬意，同情之理解」。在西方史界也有類似的觀點，經濟史學家熊彼得便認爲：「歷史學家鋪陳往事，最重要的任務，是把今人的立場解釋得合理化。」

黃仁宇自己的解釋是：「不斤斤計較書中人物短時片面的賢愚得失，其重點在將這些事蹟與我們今日的處境互相印證。」

另一層含義是當代制度視野下的歷史剖析。

黃仁宇把中國傳統社會的結構形容爲「潛水艇夾肉麵包」。上面是一塊長麵包，大而無當，此乃文官集團；下面也是一塊長麵包，也沒有有效的組織，此乃成千上萬的農民；中間則是三個基本組織原則，是爲尊卑、男女、老幼，沒有一個涉及經濟、法治和人權。

這樣的一塊「潛水艇夾肉麵包」，以中央集權爲特徵，技術不能展開，財政無法核實，軍備只能以效能最低的因素爲標準。萬曆十五年是一塊這樣的麵包，此前一千年亦是，此後兩百五十三年遭遇鴉片戰爭的清帝國亦是，而黃仁宇親歷的中華民國竟也同樣如是。

在這樣的描述中，稍有心機的讀者大抵能品出作者的苦心了：一個當代的中國人，我們應如何在自己的身上，揚棄這塊千年不變的「潛水艇夾肉麵包」？

## 當代中國的前世來路

作爲一個經歷了戰亂的歷史學者，黃仁宇對中國現代化的多難與曲折，自有無從掩飾的切膚之痛。他所關心的萬曆十五年，是當代中國的前世來路，若要解開那襲爬滿蝨子的華袍，必須從「制度」的鈕扣上下手。

黃仁宇的博士論文治的是財稅史，他驚奇地發現，偌大帝國的治理，無論是救災還是征戰，均沒有數字的管理：「中國兩千年來，以道德代替法制，至明代而極，這就是一切問題的癥結。」

中國是全世界最早進行職業分工的國家，早在西元前七世紀就有了「士農工商，四民分業」，可是卻在私人產權的認定上，掉進了「道德的陷阱」。

地方官所關心的是他們的考核，而考核的主要標準乃是田賦之能否按時如額繳納，社會秩序之能否清平安定。扶植私人商業的發展，則照例不在他們的職責範圍之內。何況商業的發展，如照資本主義的產權法，必須承認私人財產的絕對性。這絕對性超過傳統的道德觀念，就這一點，即與「四書」所宣導的宗旨相悖。

正是在美國那間侷促的書房裡，幽夜微燭之下，前少校軍官黃仁宇從僵硬的中國歷史身軀中取出一小段，在現代的顯微鏡下細緻觀摩。他眼中含的淚，掌裡握的恨，筆下滴的血，若非本國人，恐難體會。

**閱讀推薦**

以人物管窺時代、充滿閱讀的趣味，值得推薦的是英國漢學家史景遷的系列作品，如：

- 《婦人王氏之死》（*The Death of Woman Wang*）／史景遷（Jonathan D. Spence）著
- 《曹寅與康熙》（*Ts'ao Yin and the K'ang-hsi Emperor*）／史景遷 著
- 《胡若望的疑問》（*The Question of Hu*）／史景遷 著
- 《利瑪竇的記憶宮殿》（*The Memory Palace of Matteo Ricci*）／史景遷 著
- 《太平天國》（*God's Chinese Son: The Taiping Heavenly Kingdom of Hong Xiuquan*）／史景遷 著

此外，還推薦許倬雲的兩部作品：

- 《萬古江河》／許倬雲 著
- 《從歷史看人物》／許倬雲 著

47

# 一位訪華八十五次的政治家

## ——《論中國》

雖然中國歷經劫難，有時政治衰微長達數百年之久，但中國傳統的宇宙觀始終沒有泯滅。即使在貧弱分裂時期，它的中心地位仍然是檢驗地區合法性的試金石。

——亨利・阿爾弗雷德・季辛吉

一九七一年七月九日的中午，悶熱而多雲。在安靜的北京南苑軍用機場，一架飛機悄然降落，三十八歲的美國總統國家安全事務助理季辛吉輕盈地走出機艙。兩小時後，他與周恩來總理在釣魚臺國賓館見面，他們握手的照片，被定格爲歷史。

二十世紀七〇年代初，冷戰已經持續二十多年，美國陷入越戰泥潭，中國與蘇聯的關係也降到冰點，美國必須在微妙而危險的三角關係中做出新的抉擇。

亨利・阿爾弗雷德・季辛吉（Henry Alfred Kissinger, 1923-）是一個德國後裔，十五歲移居美國，一九四四年，以美軍二等兵的身份重返故土作戰。戰後，季辛吉就讀於哈佛大學，獲哲學博士學位。一九六八年年底，理查・米爾豪斯・尼克森（Richard Milhous Nixon）當選美國總統，季辛吉進入白宮，成爲其最親密的政治夥伴。

他是一個充滿了爭議、當世最著名的政治外交家，有人認爲他是一個現實的馬基雅維利（Machiavellian）主義者（編注：意指為達政治目的而不顧道德原則之人），也有人認爲他是一個無可救藥的理想主義者。

## 兩個「政治哲學教授」的對話

第一個建議季辛吉做出與中國和解決定的人，是老「中國通」費正清。

費正清回憶說：「在一九六七年或是一九六八年的某一天，我在從紐約到波士頓的東行列車上偶然遇見季辛吉，我們談論了如何恢復中美關係問題。我繞著彎兒說，毛澤東是能夠接見任何外國元首訪華的，儘管他自己幾乎不出國訪問。我送給季辛吉一本我寫的單行本《中國的世界秩序》（*The Chinese World Order*）。」季辛吉在後來的回憶錄中稱，「那次列車談話改變了歷史」。

就在尼克森當選總統的一個多月後，費正清等人連署給白宮寫了一份祕密的備忘錄，「第一個建議是總統應該選擇他最適當的助手去中國，跟中國的領導人有祕密交流、談話」。

一九七一年七月，季辛吉以去巴基斯坦度假爲名，突然轉道祕訪中國。他在北京待了兩天零一個小時，其間，與周恩來進行了十七小時的會談，他稱之爲「兩個政治哲學教授的對話」。他還參觀了故宮，品嘗了中國的美食，《時代週刊》戲稱，「凡是眼睛管用點的人都能看出來，季辛吉博士從中國回來胖了五磅」。

七月十五日，尼克森總統在電視上公布了季辛吉訪華的消息，宣讀了中美公報。這一新聞當即震驚世界，一位美國電視臺的著名評論員在鏡頭前啞口無言長達十秒鐘。

歷史的軌道也許有必然的方向，但是它在何處、何時及以怎樣的方式拐彎，卻自有它的戲劇性。尼克森與季辛吉、毛澤東與周恩來，這兩對政治夥伴出其不意地改變了兩國關係，進而深刻地影響了後來半個多世紀的世界走向。

## 世界的穩定需要一個超級帝國

你很難用善意或惡意去揣測一位政治家的觀點和行動，它們都是出於各自的價值、知識體系，並烙有強烈的歷史當下性和國家利益訴求。

季辛吉是一個蘇秦、張儀式的人物。在他看來，「國際環境之所以混亂無序，是因爲不存在一個可以確保世界安全的世界政府」。據此，他有個廣爲人知的論點：誰控制了石油，誰就控制了所有國家；誰控制了糧食，誰就控制了人類；誰掌握了貨幣發行權，誰就掌握了世界。

當世幾乎所有重要的西方政治學家，從薩謬爾・杭亭頓、季辛吉、福山到尼爾・弗格森，都認爲世界的穩定需要一個超級帝國。這個帝國可以在任何時間對地球上的任何國家發動戰爭——無論是軍事的還是經濟的，並有絕對的把握獲勝。

作爲美國政治家，他對中國的友好及好奇，完全出於美國稱霸戰略的思考。他於一九七二年訪華及推動中美關係正常化，更多是出於遏制蘇聯的冷戰需要，而之後推動美國公司的對華投資，則是製造業全球化的必然選擇。

他對中國式的統治的觀察，與費正清十分相近。他寫道：「中國以允許通商爲誘餌，加上高超的政治手腕，籠絡鄰國人民遵守以中國爲中心的準則，同時製造一種皇帝威嚴的印象，以抑制潛在的入侵者試探中國的實力。」

季辛吉在二〇一一年出版《論中國》（*On China*）。在這部厚厚的著作中，季辛吉對費正清的「衝擊—反應」模式進行了微妙的修正，提出了「例外論」。

季辛吉認爲，中國是一個中央帝國，中國人的世界秩序觀來自中國文明，來自中國文明中心論，並且始終受其支配和型塑，從未斷絕。因此在他看來，一百年前美國的崛起對於大英帝國而言，是一次例外，而本次的中國崛起，對於美國而言，也是一次例外。

事實上，這種新的「例外論」並不僅僅出現於政治家的觀察中。諾貝爾經濟學獎得主羅納德・寇斯在《變革中國》（*How China Became Capitalist*）一書中也明確地認爲，中國近數十年的經濟崛起運動，超出了經典的西方經濟學理論框架，是一次「人類行爲的意外後果」。

「例外」，不僅意味著理論和價値觀上的陌生，更帶有強烈的不可預測的不確定性。當這種「例外」催生出一個龐然大物的時候，你可以想像得出觀察者們的不安。

在季辛吉的著作中，他既爲自己的過往努力而驕傲，同時也有著美國式的深深擔憂——「均勢至少受到兩方面的挑戰：一是某一大國的實力強大到足以稱霸的水準；二是從前的二流國家想躋身列強行列，從而導致其他大國採取一系列應對措施，直到達成新的平衡或爆發一場全面戰爭。」

## 白宮地下室掌門人

季辛吉於一九七三年獲得諾貝爾和平獎，表彰他在越戰結束上的貢獻。他至少十五次成爲

《時代週刊》的封面人物，有人視之爲「超人」，也有人戲稱他是「白宮地下室掌門人」。在過往的很多年裡，他在世界政壇是一個傳奇般的存在，並且因爲長壽，而遭遇了更多的質疑與攻擊。

早在二〇一二年和二〇一五年，美國最好的傳記作家華特•艾薩克森（也就是《賈伯斯傳》的作者）和新銳歷史學家尼爾•弗格森分別爲季辛吉寫了厚厚的傳記，但是，傳記主人公似乎仍然不肯讓他的故事走向終點。

二〇一六年，川普當選美國總統，中美關係迅速走向對立，貿易戰一觸即發。川普的政治顧問史蒂夫•班農（Steve Bannon，他從來沒有踏足過中國）曾兩次與季辛吉單獨交談：「我雖然敬重季辛吉，並已閱讀其所有著作，但仍傾向與中國對抗。」

在之後的幾年裡，季辛吉多次訪華，二〇一八年的十一月，他已經九十五歲，第八十五次踏足北京，這恐怕是一個很難被超越的紀錄。中國的幾位最高領導人分別與他進行了交流。王岐山跟他會見時，特意拿過一個絲繡的靠墊，希望他在堅硬的中式沙發上坐得舒服一些。

季辛吉一再警告，中美雙方若產生重大衝突，就會摧毀當前的世界秩序。不過，他也清晰地意識到，世界已經不再是一九七一年夏天的那個面貌了，「卻顧所來徑，蒼蒼橫翠微」——中國與美國的關係，再也回不到從前了。

## 閱讀推薦

季辛吉最重要的政治類著作是：

- 《大外交》（*Diplomacy*）／亨利・阿爾弗雷德・季辛吉　著

關於他的傳記，推薦：

- 《季辛吉傳》（*Kissinger: A Biography*）／華特・艾薩克森　著
- 《季辛吉 1923-1968 年：理想主義者》（*Kissinger: 1923-1968: The Idealist*）／尼爾・弗格森　著

# 48

# 中國正在過大關

## ——《當代中國經濟改革》

社會存在的種種矛盾，尤其是與經濟問題相關的不公事實，根源在於改革不徹底，而非改革本身。

——吳敬璉

一九七四年十月，當時中國最重要的思想家顧準得悉自己得了癌症。那時「文革」浩劫還沒有任何終結的跡象，在秋風蕭瑟中，顧準把四十四歲的「幹校棚友」吳敬璉（1930-）叫到病房，他對吳說：「我將不久於人世，而且過不了多久就會因爲氣管堵塞說不出話來，所以要趁說得出話的時候與你作一次長談，以後你就不用來了。」

在這次臨終長談中，顧準認爲中國的「神武景氣」是一定會到來的，什麼時候到來不知道，但是，一定會到來。所以，他用最後的一點氣力送給吳敬璉四個字：「待機守時」。

兩個月後，顧準去世，吳敬璉和一位護士親手把他推進了陰冷的太平間。很多年後，吳敬璉回憶說：「我在回家的路上就是覺得特別特別冷，覺得那是一個冰冷的世界，顧準就像是一點點溫暖的光亮，但是他走了，但是，我想，他還是給我們留下了光亮……」

這是一個極富隱喻性的場景，充滿了絕望、無助以及對未來微弱的想往。但它又是歷史隧道即將迎來光亮的前夕。就在顧準去世的四年後，中國啓動了激盪壯闊的改革開放。這個時候，「待機守時」的吳敬璉已經四十八歲了。

## 中生代經濟學家的代表人物之一

吳敬璉的人生，與中國現代化的跌宕起伏有極大的同頻性。

他出生於一個公共知識份子家庭，母親鄧季惺是民國時期最大民營報業集團《新民報》的發行人。一九五〇年一月，吳敬璉入讀南京金陵大學經濟系（後併入上海復旦大學），畢業後進入中國社科院經濟研究所。

經濟所是中國經濟決策的最高智庫之一，年輕的吳敬璉在這裡追隨孫冶方、顧準和于光遠等前輩，參與了《社會主義經濟論》《政治經濟學》等重大學術課題的創作。文革爆發後，他被下放河北省息縣的「五七幹校」，經歷了一段苦悶的勞動改造。

一九七六年，「四人幫」被打倒，吳敬璉隨于光遠等人策畫召開按勞分配學術討論會，展開了經濟改革的第一次學術大討論，他發表多篇論文，嶄露頭角。一九七九年一月，他發長文批評「大寨經驗」，表現出了極大的學術勇氣。

一九八三年，吳敬璉赴耶魯大學深造，在那裡，完整地接受了現代經濟學的訓練。歸國之後，他活躍於學界，成爲中生代經濟學家的代表人物之一。

在當代中國，吳敬璉以「吳市場」著稱，而事實上，這在一開始是對他的一個嘲諷。一九八九年年底，中國經濟改革受挫，在十一月的一次中南海經濟會議上，堅持市場化取向的吳敬璉與那些主張回歸計畫取向的學者進行了面紅耳赤的辯論，他因此被嘲笑爲「吳市場」。沒有想到，三年後，中國確立了市場經濟的發展目標，當日的一句嘲諷成全了吳敬璉。

## 對中國經濟進行整體性思考

在當代中國經濟改革史上，吳敬璉之重要性在於，他幾乎參與了新中國成立之後所有的經濟理論爭議，是始終對中國經濟進行整體性思考的經濟學家之一。

一九八五年，他主持完成《體制改革總體規畫報告》，其核心思路被國務院的「七五」規畫所汲取；一九九三年，他完成了《對近中期經濟體制改革的一個整體性設計》，在相當長時間裡影響了中央的經濟決策；二〇〇三年，他又掀起了經濟增長模式的大辯論，堅持認爲產業結構調整應該發揮市場的力量，現在政府在那裡紛紛投資、紛紛參與是不對的，而且，現階段中國在工業化的道路上不應選擇重型化，而要依靠第三產業和小企業的發展。

一九九八年，吳敬璉領銜發起，與劉鶴、周小川和樊綱等人創立中國經濟五十人論壇，逐漸成爲最具影響力的學術群體，其中的很多參與者在日後相繼進入國家最高決策層。

我粗略做了一個統計，從一九六四年到二〇〇九年，吳敬璉至少參與了十二場重要的論戰。自二十世紀八〇年代中期之後，他是多場論戰的主角，有些甚至是由他發動和主導的。這些論戰主題涵蓋了眾多的改革困局，展現出幾代政治家和經濟學者爲國家進步所做的思考與努力，也呈現出中國現代化道路的曲折和詭變。他的一些理論思考和政策建議極大地影響了中國改革的路徑，其得失利弊留待後來者細研。

吳敬璉是那種很入世的經濟學家，有時候他甚至甘於幕僚和「奏摺派」的角色。「在經濟學家裡面我犯的錯誤最少。但是作決定的主要是政治家，不是經濟學家。」在跟女兒的對話中，他坦承：「要是說到經濟學理論，我沒有辦法跟那些經過嚴格理論訓練的人比。」這是一個深深知道自己的角色和使命是什麼的人，他也許不會獲得諾貝爾經濟學獎，可是，在過去幾十年裡，沒有一位經濟學者比他對中國做出了更大的貢獻。

除了改革思路上的創新外，吳敬璉對這個轉型國家的貢獻，還在於他那份獨立思考、直言不諱的知識份子風骨。在他的身上，體現出了批評性精神與建構性人格的混合體。

二〇〇〇年底，他用如此激烈的言論批評中國的資本市場：「中國的股市很像一個賭場，而且很不規範。賭場裡面也有規矩，比如你不能看別人的牌。而我們的股市裡，有些人可以看別人的牌，可以作弊，可以搞詐騙。做莊、炒作、操縱股價可說是登峰造極。」他因此受到一些經濟學家的圍攻，在參加一次電視節目時，他淡淡地說：「我的老師朋友顧準說的，要像一個冰冷冷的解剖刀那樣去解剖這個社會經濟關係。」

自二十世紀初期以來，中國的知識階層就形成一種善於顛覆、樂於破壞的「悲情情結」，非「極左」即「極右」，視改良主義爲「犬儒」，對中庸和妥協的精神抱持道德上的鄙視，這實際上造成了中國現代化的多次反覆與徘徊。吳敬璉的學術人生，無疑與這兩種極端主義格格不入。

## 與中國現代化同行

在公眾輿論及學界，吳敬璉常常遭到「誤讀」。

有人因「吳市場」之名，認定他是一個市場原教旨主義者，主張把一切都扔給市場來解決。也有人因他的國務院發展研究中心研究員及政策設計人的身份，認定他是中央行政集權的最大擁護者。而在民間，他受到民粹主義者的圍攻，被看成是政商權貴和海外政治勢力的同路人，二〇〇八年，他還一度陷入過一個莫名的「間諜門」事件。

而這些觀點顯然都有失偏頗。

吳敬璉的經濟思想要複雜得多。與放縱任何一方相比，他似乎更相信「有限」——有限的政府、有限的市場、有限的利益與有限的正義。即使他情有獨鍾的自由市場經濟制度，也是在別無選擇的情況下一種無奈的「次有選項」。所以，他總是向人重複一句仿邱吉爾論民主制度的話：「市場經濟是一種不好的體制，但它在人類可能實行的制度中是最不壞的一個。」

在晚年，他把市場經濟分為「好的」和「壞的」兩種，其評判的唯一準繩，就是法治化。吳敬璉著述繁多，最能體現他的經濟思想全貌的，便是《當代中國經濟改革》。從一九九五年起，他在社科院講授「中國經濟」課程，後來在上海的中歐國際工商學院開設同門課程。吳敬璉在講義的基礎上，不斷補充修訂，出版成書。

到二〇二〇年，吳敬璉九十歲，步入耄耋之年。與他同齡，並仍活躍於知識界的還有厲以甯、茅于軾、資中筠和余英時等先生，他們的一生與中國現代化同行，他們堅定的信仰和立場，是一代人共同的底色。

## 閱讀推薦

比吳敬璉稍晚一輩的中生代經濟學家，他們各有立場，值得閱讀的有：

- 《市場的邏輯》/張維迎 著
- 《眞實世界的經濟學》/周其仁 著
- 《新結構經濟學：經濟發展理論與政策的反思》（*New Structural Economics: A Framework for Rethinking Development and Policy*）/林毅夫 著
- 《全球化與中國國家轉型》（*Globalization and State Transformation in China*）/鄭永年 著
- 《自由與市場經濟》/許小年 著

49

# 亂發狂生的錯過與得到

## ——《中國的經濟制度》

我這一輩在西方拜師學藝的人知道，在國際學術上中國毫不重要，沒有半席之位可言。今天西望，竟然發覺那裡的大師不怎麼樣。不懂中國，對經濟的認識出現了一個大缺環，算不上真的懂經濟。

——張五常

一九七九年，張五常（1935-）正吹著口哨走在校園裡，他的老師羅納德•寇斯把他叫住了：「斯蒂芬，你的祖國即將發生一場偉大的變化，你不該待在這裡了。你應該回去，目睹它的發生。」

張五常是芝加哥大學最年輕的經濟學教授，他出生於一九三五年，是一個土生土長的香港人，天生一頭亂髮，如同他狂放不羈的個性。一九五九年，他赴洛杉磯的加州大學讀書，八年後，他的博士論文《佃農理論》（*The Theory of Share Tenancy*）從土地租約的角度研究了臺灣的土地改革，一經發表就引起了學界的轟動，是史上被引用次數最多的經濟學博士論文之一，他也因此成爲合約經濟學的奠基人之一。

張五常個性狂傲，但是做學問卻一絲不苟，特別注重實證和現場細節。《佃農理論》的原始素材來自臺灣「土改」，他把十幾箱原始檔案一一分揀細讀。爲了寫《賣桔者言》，他在聖誕夜的香港街頭做路人隨機訪問。在寫《蜜蜂的寓言》（*The Fable of the Bees*）的時候，他花了三個多月的時間，和華盛頓州的「蘋果之都」一帶的果農和養蜂者在一起，搜集了大量第一手的資料。

在洛杉磯和芝加哥的那段時間，張五常天天跟斯蒂格勒、傅利曼、諾思和寇斯等大師混在一起，是他們中間最年輕的、也是唯一的中國面孔。在很多人看來，斯蒂芬・張得諾貝爾經濟學獎，僅僅是時間的問題。

然而，就是寇斯的一番話，徹底改變了張五常的學術和人生軌跡。

## 中國會走向資本主義的道路嗎？

張五常第一次踏上中國大陸，是一九七九年的秋天。他在廣州，「看不到任何改革的跡象」。他去一個工地調研，發現了一個有趣的場景：三個工人在補一個洞，一個人指著洞，一個人端著水泥盤子，還有一個人補洞。在合約失靈的情況下，他目睹了國有經濟的低效率。

而在當時還是農村的東莞縣（現東莞市），他又看到了一番新的景象：在一間大房子裡，縣政府的十多個部門官員坐成一排，前來投資的香港商人列成一隊，一口氣蓋完所有的公章。他又看到了新效率產生的可能。

一九八一年年初，張五常發表長文〈中國會走向資本主義的道路嗎？〉，在當時，中文辭典還沒有發明「市場經濟」一詞，因此，如果剔除「資本主義」所隱含的意識形態意味，張五常是第一個清晰地預言了中國將走上產權私有化和市場化道路的經濟學家。

在那篇文章中，張五常自問自答地提出了幾個關鍵性的路徑問題。他問：「在工商業的改革中哪一種最困難？」答案是：政府容易掌握壟斷權利的行業。於是，他推斷郵局、通信、石油、交通等行業不會迅速地私產化。他又問：「土地與勞力，哪一樣較容易私產化？」答案是：勞力。張五常後來說，在當時，他忽略了問一個重要的問題：「假若中國要走近乎私產的制度，農業與工商業哪一樣比較容易改革？」

很顯然，在一九八一年，幾乎所有讀西方經濟學出身的學者都不會問這個問題。中國的市場化突破口並不出現在城市而是農村，鄉鎮企業將成爲工業化革命的第一批衝鋒隊，這正是中國改革的意外之處和特色所在。

一九八八年，中國實施物價闖關，經濟改革走到了十字路口。當年九月，在香港中文大學任教的張五常陪同米爾頓•傅利曼訪華，北京方面原本安排了鄧小平的接見，可惜當日小平感冒，他們見到了當時的總書記。傅利曼提出了「休克療法」的激進建議，這也成爲改革史上的一樁公案。

## 打開中國經濟增長祕密的鑰匙

張五常是中國改革的長期觀察者，在很長時間裡，他每週撰寫兩篇專欄，評點政策時政。因身份的特殊，他往往有自由而獨到的見解。

跟很多學者僅僅從各種公報或新聞中尋找論據不同，張五常最喜歡深入企業，他不太相信政府提供的資料，包括產值、貨運量乃至用電量等等。每到一地，他最喜歡問的兩個資料是廠房租金和生產線工人的工資，在他看來，這是最難僞造和最敏感的產業興衰指數。

二〇〇八年，全國「兩會」通過了《勞動合同法》修訂案，根據新的法律，所有企業主雇用員工必須簽署勞動合同，而一旦解雇，則必須給予員工補償。然而，跟很多學者把這一修訂案視爲「良心法案」不同，張五常提出了激烈的反對意見，在他看來，「政府立法例，左右合約，有意或無意間增加了勞資雙方的敵對，從而增加交易費用，對經濟整體的殺傷力可以大得驚人」。

他寫這篇專欄的時候，正在廣東東莞做調研，他看到了令人擔憂的景象，一些企業主正打算把工廠遷到勞工價格更低的東南亞國家，例如越南、印尼等，「在未來幾年，工廠南遷是一個似乎很難阻擋的趨勢了」。在後來的十年裡，他一直堅持自己的觀點。

也是在二〇〇八年，中國迎來改革開放三十年。遠在芝加哥、當年勸說張五常返國的寇斯已經九十六歲了，他決定拿出自己的諾貝爾獎獎金舉辦一場關於中國三十年改革的學術論壇，張五常兌現諾言，寫下《中國的經濟制度》（*The Economic System of China*）一書，他自認是《佃農理論》後「平生最重要的作品」。

在張五常認爲，今天的中國制度不是個別天才想出來的，是被經濟的壓力逼出來的。壓力倒逼放權，放權再造合約。在《中國的經濟制度》一書中，他提出了「地方政府公司主義」這一極具中國特色的概念。

「地方政府公司主義」是指地方政權爲了謀求經濟發展，強力推進地方工業化戰略的實現，以類似於公司化運作的形式進行地方黨政能力和經濟資源的大動員、大整合。

在這一過程中，一地的書記如同董事長，縣長、市長如同總經理，他們掌握了地方資源配置，如土地、產業准入、政策優惠等的租約權，而對其經略成效的量化評判，則是地方的經濟發展總量和財政收入，這又類似於企業的營業收入和利潤。

中國的地區從上而下分七層——中央、省、市、縣、鎮、村、戶，在張五常看來，這七層是從上而下地以承包合約串連起來的，上下連串，但左右不連。主要的經濟權力不在其他，而在縣的手裡。理由是：決定使用土地的權力落在縣之手。

就如同他在八〇年代初忽略了農村改革的動力一樣，張五常承認，他「是在一九九七年才驚覺到中國經濟制度的重點是地區之間的激烈競爭，史無前例」。而這一發現，被他視為打開中國經濟增長祕密的鑰匙。

## 當世經濟散文創作的第一人

從二〇〇六年後，張五常因為兩樁私人官司，無法踏足美國和中國香港——他甚至沒能參加寇斯組織的芝加哥論壇，這極大地限制了他在學術上的國際影響力。

不過，傳奇的閱歷和對中國改革的長期關注，讓他始終是一個符號般的存在。多年來，他筆耕不輟，出版著作多達三十餘部，除了《佃農理論》和《中國的經濟制度》外，四卷本的《經濟解釋》亦足傳世。他是「學以致用」哲學的推崇者，在他看來，無論一個理論怎樣了得，總有一天會被認為是錯的，或會被較佳的理論替代了，因而，搞思想不是爭取永遠地對，而是爭取有深度的啓發力，然後望上蒼保佑，寫下來的可以經得起一段漫長時日的蹂躪。

張五常不僅天賦極高，學養驚人，他的中文寫作也因個性突出而獨步天下，很多人——包括我在內，都認爲他是當世經濟散文創作的第一人。

二〇〇七年底，我的《激盪三十年》（編注：繁體中文版分為《中國崛起》《中國飆富時代》兩冊）完稿，張五常在西湖邊的一個小酒樓爲我題寫書名，他在宣紙上連寫幾十遍，弄得額頭出汗，直到自己滿意爲止。我問他，做學問有什麼祕訣？他答，年輕人應當在盛年之時，找到最偉大的課題，這才不至於浪費才華。

茲言鑿鑿，應是夫子自道。天縱奇才的張五常也許錯過了一個諾貝爾經濟學獎，但是，他卻目睹和「解釋」了一場最偉大的改革。

**閱讀推薦**

西方對當代中國的研究已形成為一種敘述定式，但似乎並不能全部地解釋中國，推薦：

- 《變革中國》／羅納德・寇斯、王寧　著
- 《鄧小平改變中國》（*Deng Xiaoping and the Transformation of China*）／傅高義　著

# 50 為當代中國企業立傳

## ——《激盪三十年》

儘管任何一段歷史都有它不可替代的獨特性，可是，一九七八～二〇〇八的中國，卻是最不可能重複的。

一群小人物把中國變成了一個巨大的試驗場，它在眾目睽睽之下，以不可逆轉的姿態向商業社會轉軌。

——吳曉波

二〇〇四年，我結束了十四年的財經記者生涯，原計畫給自己一年的度假期。就在這個時候，我得到了某基金會的邀約，他們希望我能去哈佛大學甘迺迪政治學院當半年的訪問學者，做一個中國民營企業發展史的課題。

也就在那裡，我萌生了創作《激盪三十年》的念頭。

在與甘迺迪學院和商學院學者們的多次交流中，我突然意識到，西方學者對中國的本輪經濟改革既充滿了好奇卻又所知甚少，他們中的絕大多數人沒有到過中國，在哈佛商學院的案例庫裡，關於中國公司的案例只有兩個，而且每篇僅兩千多字。

回望中國商學界，我們同樣缺乏完整的案例研究和可採信的資料系統，更沒有形成一個系統化的歷史沿革描述。關於中國公司的所有判斷與結論，往往建立在一些感性的、個人觀察的甚至是靈感性的基礎上，這已成爲我們進行國際溝通和自我認知的巨大障礙。

## 歷史是可以被感知的

《激盪三十年》採用了編年體的寫作方式。從一開始，我就決定不用傳統的教科書或歷史書的方式來寫作這部著作，我不想用冰冷的數字或模型淹沒了人們在歷史創造中的激情、喜悅、吶喊、苦惱和悲憤。

其實，歷史本來就應該是對人自身的描述，它應該是可以觸摸的，是可以被感知的，它充滿血肉、運動和偶然性。只有當大歷史的必然規則與小人物的偶然命運交織在一起的時候，我們才可能勾勒出一個時代的全部圖景。

全書第一章「一九七八：中國回來了」的第一個段落就是一個細節：

一九七八年十一月二十七日，中科院計算所三十四歲的工程技術員柳傳志在當天的《人民日報》上，讀到了一篇關於如何養牛的文章。他突然意識到，「氣候眞的要變了」。

柳傳志的故事一直貫穿全書：一九八四年，他在中科院的一間傳達室開始創業；二十世紀九〇年代中期發生了「倪柳之爭」；一九九六年，聯想公司生產出第一台萬元國產電腦；二〇〇三年，聯想收購ＩＢＭ的電腦業務；二〇〇八年聯想實施產權改革……

在上下兩卷的《激盪三十年》裡，出現了數以百次計的柳傳志和聯想公司，他們從來沒有想到過，自己將在歷史上扮演一個如此重要的角色。一位溫州小官吏曾慨然地對我說：「很多時候，改革是從違規開始的。」誰都聽得出他這句話中所揮散著的清醒、無奈和決然，你可以反駁他、打擊他、蔑視他，但你卻無法讓他停止，因爲，他幾乎是在代替歷史一字一句地講出上述這句話。

關於命運的故事貫穿在整部《激盪三十年》中。在我看來，企業史從根本上來講就是企業家創造歷史的過程。

只有透過細節式的歷史素描，才可能讓時空還原到它應有的錯綜複雜和莫測之中，讓人的智慧光芒和魅力，及其自私、愚昧和錯誤，被日後的人們認眞地記錄和閱讀。

在一九七八年到二〇〇八年的中國商業圈出沒著這樣的一個族群：他們出身草莽，不無野蠻，性情漂移，堅忍而勇於博取。他們的淺薄使得他們處理任何商業問題都能夠用最簡捷的辦法直指核心；他們的冷酷使得他們能夠拋去一切道德的含情脈脈而回到利益關係的基本面；他們的不畏天命使得他們能夠百無禁忌地去衝破一切的規則與準繩；他們的貪婪使得他們敢於採用一切的手法和編造最美麗的謊言。

他們其實並不陌生。在任何一個商業國家的財富積累初期都曾經出現過這樣的人群，而且必然會出現這些人。

我相信，財富會改造一個人，如同繁榮會改變一個民族一樣。

## 三種力量此消彼長、相互博弈

在《激盪三十年》所記錄的年代裡，中國市場上存在著三股力量：國有企業、民營企業、外資企業。

一部改革開放史，基本上是這三種力量此消彼長、相互博弈的過程，它們的利益切割以及所形成的產業、資本格局，最終構成了中國經濟成長的所有表象。

在很大程度上，民營經濟的萌芽是一場意外，或者說是預料中的意外事件。當市場的大閘被小心翼翼地打開的時候，自由的水流就開始滲透了進來，一切都變得無法逆轉。那些自由的水流是那麼弱小，卻又是那麼肆意，它隨風而行，遇石則彎，集涓爲流，轟然成勢。它是善於妥協的力量，但任何妥協都必須依照它浩蕩前行的規律。它是建設和破壞者的集大成者，當一切舊秩序被潰然推倒的時候，新的天地卻也呈現出混亂無度的面貌。

中國公司一直是在非規範化的市場氛圍中成長起來的，數以百萬計的民營企業在體制外壯大，在資源、市場、人才、政策、資金甚至地理區位都毫無優勢的前提下實現了高速的成長，這種成長特徵，決定了中國企業的草莽性和灰色性。

與此同時，中國的商業變革是一場由國家親自下場參與的公司博弈，在規律上存在著它的必然性與先天的不公平性。

也許只有進行了全景式的解讀後，我們才可能透過奇蹟般的光芒，發現歷史深處存在著的那些迷霧。譬如，國家在這次企業崛起運動中所扮演的角色是什麼？爲什麼偉大的經濟奇蹟沒有催生偉大的公司？中國企業的超越模式與其他超越型國家的差異在哪裡？只有這樣，我們才可能在爲經濟增長率欣喜的同時，觀察到另外一些同等重要卻每每被忽視的命題，如社會公平的問題，環境保護的問題，對人的普遍尊重的問題。

## 中國崛起的經濟神話

企業史寫作使我開始整體地思考中國企業的成長歷程。這是一個抽絲剝繭的過程。過去的三十年是如此輝煌，特別對於沉默了百年的中華民族，它承載了太多人的光榮與夢想，它幾乎是一代人共同成長的全部記憶。

自從二〇〇四年的夏天決定這次寫作後，我便一直沉浸在調查、整理和創作的忙碌中，它耗去了我生命中精力最旺盛、思維最活躍的一大塊時間。不過讓我料想不到的是，它最終的工程量遠遠超出了之前的預期。

二〇〇六年的秋天，地產企業家王石來杭州約我喝茶，他忽然提出了一個問題：「我的父親是官員，我的母親是錫伯族農民，我也沒有受過商業訓練，那麼，我及我們這一代人的企業家基因是從哪裡來的呢？」

這個問題直接把我逼進了一個更浩大的創作計畫。在後來的六年裡，我相繼又完成了《跌蕩一百年》上下卷、《浩蕩兩千年》和《歷代經濟變革得失》等作品，從而構築了一個自成體系的中國企業史文本。

我希望我的創作不至於辱沒了「中國崛起」這個當代最偉大的經濟神話。羅馬史的研究者尼可羅・馬基雅維利（Niccolo Machiavelli）曾經說：「改革是沒有先例可循的。」改革如此，創作亦如此。

**閱讀推薦**

除了中國企業史三部曲，以及前文已推薦的《大敗局I》、《大敗局II》、《騰訊傳》之外，還推薦另外一部傳記作品：

- 《吳敬璉傳：一個中國經濟學家的肖像》／吳曉波　著

後記

# 他們影響了我們，但不能「占領」我們

童書業是中國瓷器研究大家，一生過手珍寶無數，很多人感慨，古人是如何如何的厲害，官哥汝定鈞，任拿一件都羞煞後輩人。然而，童先生卻不這麼認爲。他說：「任何藝術品從發展的角度看，總是古不如今的。」

今人站在古人的肩上看世界，得見古人之未見。古人之所想，今人亦想之，想通了很好，想不通，讓後人接著想。今人所擁有的技術能力，遠超古人。一六三七年宋應星著《天工開物》，其中記載景德鎮瓷器七十二道工序，道道不可缺，今日去景德鎮，各種電氣機械工具一起上，沒有人再需要那七十二道工序。

那麼，古人的偉大之處是什麼呢？是創見。

蘇格拉底與柏拉圖在愛琴海邊探討什麼是正義，何謂善惡，知識是怎樣產生的，國家是什麼。他們第一次提出了這些元命題，然後劃定了後人思想的疆域。後來的哲學家們也許在這些命題上的思考都比蘇格拉底要深入和豐富得多，但是，只有蘇格拉底是偉大的。

亞當・斯密寫《國富論》，這位懶於事務的蘇格蘭鹽稅官，文筆不算最佳，敘述嘮嘮叨叨，馬克思還發現他抄襲別人的觀點。但是，他第一次定義了生產的三大要素——勞動、土地和資本，他發現了「看不見的手」。斯密是經濟學的奠基人，只有他是偉大的。

梵谷畫向日葵，畫星空，畫稻田，畫自己勞作後的靴子，今日學過幾年油畫的人都能在技巧上畫出這些向日葵、星空、稻田和靴子，但是，梵谷創造了第一次，只有他是偉大的。

那些一往無前的人，是浩蕩時空中的火花和油鹽。

古人很久遠，然而，他們最具創見力的時候卻都很年輕。蘇格拉底不到四十歲就被稱爲「雅典城裡最聰明的人」，梵谷在三十五歲畫出了那朵向日葵。

本書所寫的五十個人，他們之中的很多人在風華正茂的時候寫出了垂世不朽的作品。

亞當・斯密寫出《道德情操論》時，三十六歲。

卡爾・馬克思寫出《共產黨宣言》時，三十歲。

阿勒克西・德・托克維爾寫出《民主在美國》時，三十歲。

保羅・薩繆森寫出《經濟學》時，三十三歲。

彼得・杜拉克寫出《企業的概念》時，三十七歲。

麥可・波特寫出《競爭策略》時，三十三歲。

湯姆・畢德士寫出《追求卓越》時，四十歲。

詹姆・柯林斯寫出《基業長青》時，三十九歲。

傑克・屈特提出定位理論時，三十四歲。

菲利浦・科特勒寫出《行銷管理》時，三十六歲。

費孝通寫出《江村經濟》時，二十八歲。

費正清寫出《美國與中國》時，四十一歲。

保羅・克魯曼寫出得諾貝爾獎的論文時，二十五歲。

凱文・凱利寫出《釋控》時，四十二歲。
尼爾・弗格森寫出《羅斯柴爾德家族》時，三十五歲。
法蘭西斯・福山寫出《歷史之終結與最後一人》時，四十歲。
張五常寫出《佃農理論》時，三十二歲。

你終於發現了，越具有原創性的思想和作品，越與作者的勇氣、勤奮和天賦相關。它們都朝氣蓬勃、別開生面，但都不是完美的，充滿了鋒芒甚至是偏見。

爲了創作這本《當商業開始改變世界》，我重讀了那些曾經影響過我的偉大思想，因閱歷和心境的不同，我自然讀出了新的心得。不過，即便在這樣的過程中，我也時刻告誡自己：不要讓這些人（他們寫作那些文字的時候比此刻的我要年輕得多）徹底地「占領」我的思想。

所有偉大的書寫者，都以自己的方式開闢新局，自成門戶，不過，有局就有限，是爲「局限」。從來沒有一個人可以提供絕對的眞理，沒有任何理論「放之四海而皆準」，換而言之，所有的門庭都是後人攻伐的物件，所有的大師都是亟待被顚覆的偶像，我們在溫情中學習，在理解後叛逆。

他們影響了我們，但不能「占領」我們，唯如此，我們才可能成爲前所未見的自己。

這本書的出版，感謝編輯宣佳麗和劉耀東。沒有她們的督促，我不可能按時交出作業。另外，二〇二〇年年初的疫情把我鎖在書房一個月，這本書也意外地成爲日後記憶的一部分。

**吳曉波**

二〇二〇年二月新冠疫情武漢「封城」之際，於杭州

# 附錄 改變世界經典書單（全書經典50與相關書目）

## 自序 只有在閱讀中，思想才能統治黑暗

- 《爲什麼讀經典》（*Why Read the Classics*）／伊塔羅・卡爾維諾（Italo Calvino）著

## 01 他發現了「看不見的手」

- 《國富論》（*The Wealth of Nations*）／亞當・斯密（Adam Smith）著
- 《道德情感論》（*The Theory of Moral Sentiments*）／亞當・斯密 著
- 《經濟學原理》（*Principles of Economics*）／阿爾弗雷德・馬歇爾（Alfred Marshall）著
- 《蜜蜂的寓言》（*The Fable of the Bees*）／伯納德・曼德維爾（Bernard Mandeville）著
- 《國富論（彩繪精讀本）》／亞當・斯密 著／羅衛東 選譯
- 《亞當・斯密傳》（*The Life of Adam Smith*）／伊安・辛普森・羅斯（Ian Simpson Ross）著

## 02 一本為革命而生的經濟學宣言

- 《資本論》（*Das Kapital*）／卡爾・馬克思（Karl Marx）著
- 《共產黨宣言》（*Manifest der Kommunistischen Partei*）／卡爾・馬克思 著

- 《人性論》（*A Treatise of Human Nature*）／大衛・休謨（David Hume）著
- 《人口論》（*An Essay on the Principle of Population*）／托馬斯・馬爾薩斯（Thomas Malthus）著
- 《論政治經濟學的若干未定問題》（*Essays on Some Unsettled Questions of Political Economy*）／約翰・史都華・彌爾（John Stuart Mill）著
- 《德意志意識形態》（*Die Deutsche Ideologie*）／卡爾・馬克思、弗里德里希・恩格斯（Friedrich Engels）著
- 《舊制度與大革命》（*L'Ancien Régime et la Révolution*）／阿勒克西・德・托克維爾（Alexis de Tocqueville）著
- 《知識份子與社會》（*Intellectuals and Society*）／湯瑪斯・索爾（Thomas Sowell）著
- 《從胡塞爾到德里達：西方文論講稿》／趙一凡 著
- 《中國財政思想史》／胡寄窗、談敏 著
- 《中國歷代政治得失》／錢穆 著
- 《歷代經濟變革得失》／吳曉波 著

## 03 為商業編織「意義之網」

- 《基督新教倫理與資本主義精神》（*The Protestant Ethic and the Spirit of Capitalism*）／馬克斯・韋伯（Max Weber）著

## 04 重新定義「看得見的手」

- 《就業、利息和貨幣通論》（*The General Theory of Employment, Interest, and Money*）／約翰・凱因斯（John M. Keynes）著

- 《不朽的天才——凱因斯傳》（*John Maynard Keynes*）／羅伯特・史紀德斯基（Robert Skidelsky）著

## 05 他什麼都不相信，除了自由

- 《通向奴役之路》（*The Road to Serfdom*）／弗里德里希・海耶克（Friedrich August von Hayek）著
- 《不要命的自負》（*The Fatal Conceit*）／弗里德里希・海耶克 著
- 《良知對抗暴力：卡斯翠奧對抗加爾文》（*The Right to Heresy: Castellio against Calvin*）／史蒂芬・茨威格（Stefan Zweig）著
- 《開放社會及其敵人》（*The Open Society and Its Enemies*）／卡爾・波普（Karl Popper）著
- 《極權主義的起源》（*The Origins of Totalitarianism*）／漢娜・鄂蘭（Hannah Arendt）著
- 《理性與自由》（*Rationality and Freedom*）／阿馬蒂亞・沈恩（Amartya Sen）著

## 06 經濟學界有個「矮巨人」

- 《選擇的自由》（*Free to Choose*）／米爾頓・傅利曼（Milton Friedman）著
- 《天下沒有免費的午餐》（*There's No Such Thing as a Free Lunch*）／米爾頓・傅利曼 著
- 《美國貨幣史：1867-1960》（*A Monetary History of the United States，1867-1960*）／米爾頓・傅利曼 著
- 《兩個幸運的人》（*Two Lucky People*）／米爾頓・傅利曼 著
- 《正義論》（*A Theory of Justice*）／約翰・羅爾斯（John Rawls）著
- 《政治自由主義》（*Political Liberalism*）／約翰・羅爾斯 著
- 《薛西弗斯的神話：卡繆的荒謬哲學》（*Le Mythe de Sisyphe*）／卡繆（Albert Camus）著

- 《異鄉人》（*L'Étranger*）／卡繆 著
- 《一九八四》（*Nineteen Eighty-Four*）／喬治・歐威爾（George Orwell） 著

## 07 我寫教科書，其他人擬定法律

- 《經濟學》（*Economics*）／保羅・薩繆森（Paul Samuelson） 著
- 《中間道路經濟學》（*Middle Way Economics*）／保羅・薩繆森 著
- 《經濟學》（*Economics*）／約瑟夫・史迪格里茲（Joseph F. Stiglitz） 著
- 《經濟學原理》（*Principles of Economics*）／格里高利・曼昆（N. Gregory Mankiw） 著
- 《企業概論》（*Understanding Business*）／威廉・尼克斯（William G. Nickels）等 著
- 《經濟增長理論史》（*Theorists of Economic Growth from David Hume to the Present*）／羅斯托（W. W. Rostow）著

## 08 一個「旁觀者」的創新

- 《創新與創業精神》（*Innovation and Entrepreneurship*）／彼得・杜拉克（Peter F. Drucker） 著
- 《企業的概念》（*Concept of the Corporation*）／彼得・杜拉克 著
- 《彼得・杜拉克的管理聖經》（*The Practice of Management*）／彼得・杜拉克 著
- 《杜拉克談高效能的五個習慣》（*The Effective Executive*）／彼得・杜拉克 著
- 《管理：任務、責任、實踐》（*Management: Tasks, Responsibilities, Practices*）／彼得・杜拉克 著
- 《典範移轉：杜拉克看未來管理》（*Management Challenges for the 21st Century*）／彼得・杜拉克 著
- 《旁觀者：管理大師杜拉克回憶錄》（*Adventures of a Bystander*）／彼得・杜拉克 著

- 《科學管理原理》（*The Principles of Scientific Management*）／弗雷德里克・溫斯洛・泰勒（Frederick Winslow Taylor）著
- 《我在通用的日子》（*My Years with General Motors*）／艾弗雷德・史隆（Alfred Sloan）著
- 《企管大師報到：創造管理的五十位思想家》（*50 Thinkers Who Made Management*）／史都華・克萊納（Stuart Crainer）著
- 《管理學》（*Management*）／史蒂芬・羅賓斯（Stephen P. Robbins）著
- 《影響力：讓人乖乖聽話的說服術》（*Influence: The Psychology of Persuasion*）》／羅伯特・席爾迪尼（Robert B. Cialdini）著
- 《與成功有約：高效能人士的七個習慣》（*The 7 Habits of Highly Effective People*）／史蒂芬・柯維（Stephen Covey）著

## 09 策略模型的設計大師

- 《競爭策略》（*Competitive Strategy*）／麥可・波特（Michael E. Porter）著
- 《競爭優勢》（*Competitive Advantage*）／麥可・波特 著
- 《國家競爭優勢》（*The Competitive Advantage of Nations*）／麥可・波特 著
- 《戰略與結構：美國工商企業成長的若干篇章》（*Strategy and Structure: Chapters in the History of the American Industrial Enterprise*）／阿爾弗雷德・錢德勒（Alfred Chandler, Jr.）著
- 《企業生命週期》（*Managing Corporate Lifecycles*）／伊查克・愛迪思（Ichak Adizes）著
- 《公司精神》（*Corporate Religion*）／傑斯珀・昆德（Jesper Kunde）著

## 10 群眾如何被發動起來？

- 《烏合之眾》（*Psychologie des Foules*）／古斯塔夫•勒龐（Gustave Le Bon）著
- 《公眾輿論》（*Public Opinion*）／沃爾特•李普曼（Walter Lippmann）著
- 《狂熱份子》（*The True Believer*）／艾利克•賀佛爾（Eric Hoffer）著
- 《暴力與文明：喧囂時代的獨特聲音》／漢娜•鄂蘭（Hannah Arendt）等 著
- 《原始的叛亂：十九至二十世紀社會運動的古樸形式》（*Primitive rebels: studies in archaic forms of social movement in the 19th and 20th centuries*）／艾瑞克•霍布斯邦（Eric John Ernest Hobsbawm）著
- 《身份與暴力：命運的幻象》（*Identity & Violence*）／阿馬蒂亞•沈恩（Amartya Sen）著

## 11 第一本賣過千萬冊的商業書

- 《追求卓越》（*In Search of Excellence*）／湯姆•畢德士（Tom Peters）、羅伯特•華特曼（Robert Waterman）著
- 《大敗局Ⅰ》／吳曉波 著
- 《大敗局Ⅱ》／吳曉波 著

## 12 偉大的創業者都是「造鐘」人

- 《基業長青：高瞻遠矚企業的永續之道》（*Built to Last: Successful Habits of Visionary Companies*）／詹姆•柯林斯（Jim Collins）、傑瑞•薄樂斯（Jerry Porras）著
- 《從 A 到 A+》（*Good to Great: Why Some Companies Make the Leap...and Others Don't*）／詹姆•柯林斯 著
- 《沉靜領導》（*Leading Quietly*）／約瑟夫•巴達拉克（Joseph L. Badaracco, Jr.）著

## 13 行銷學最後的大師

- 《行銷管理》（*Marketing Management*）／菲利浦・科特勒（Philip Kotler）著
- 《一個廣告人的自白》（*Confessions of an Advertising Man*）／大衛・奧格威（David Ogilvy）著
- 《IMC整合行銷傳播：創造行銷價值，評估投資報酬的5大關鍵步驟》（*IMC, The Next Generation : Five Steps for Delivering Value and Measuring Financial Returns*）／唐・舒爾茨（Don E. Schultz）、海蒂・舒爾茨（Heidi Schultz）著

## 14 席捲全球的學習型組織熱

- 《第五項修練：學習型組織的藝術與實務》（*The Fifth Discipline：The Art and Practice of the Learning Organization*）／彼得・聖吉（Peter Senge）著
- 《動機，單純的力量》（*Drive: The Surprising Truth About What Motivates Us*）／丹尼爾・品克（Daniel H. Pink）著

## 15 默默無聞的小巨人

- 《隱形冠軍》（*Hidden Champions*）／赫曼・西蒙（Hermann Simon）著
- 《小，是我故意的：不擴張也成功的14個故事，8種基因》（*Small Giants: Companies That Choose to Be Great Instead of Big*）／鮑・柏林罕（Bo Burlingham）著

## 16 對行銷影響最大的觀念

- 《定位》（*Positioning*）／傑克・屈特（Jack Trout）、艾爾・賴茲（Al Ries）著

- 《不敗行銷：大師傳授22個不可違反的市場法則》（*The 22 Immutable Laws of Marketing: Violate Them at Your Own Risk*）／艾爾・賴茲、傑克・屈特 著
- 《設計中的設計》（デザインのデザイン）／原研哉 著
- 《知的資本論》（知的資本論 すべての企業がデザイナー集団になる未来）／增田宗昭 著

## 17 管理越好的公司，越容易失敗

- 《創新的兩難》（*The Innovator's Dilemma*）／克雷頓・克里斯汀生（Clayton Christensen） 著
- 《創新者的解答》（*The Innovator's Solution*）／克雷頓・克里斯汀生、邁可・雷諾（Michael E. Raynor） 著
- 《創新者的DNA》（*The Innovator's DNA*）／克雷頓・克里斯汀生、傑夫・戴爾（Jeff Dyer）、海爾・葛瑞格森（Hal Gregersen） 著
- 《企業核心競爭力》（*The Core Competence of the Corporation*）／普拉哈（C. K. Prahalad）、蓋瑞・哈默爾（Gary Hamel） 著

## 18 尾巴決定商業的未來

- 《長尾理論：打破80／20法則，獲利無限延伸》（*The Long Tail: Why the Future of Business is Selling Less of More*）／克里斯・安德森（Chris Anderson） 著
- 《免費！》（*Free*）／克里斯・安德森 著
- 《藍海策略》（*Blue Ocean Strategy*）／金偉燦（W. Chan Kim）、芮妮・莫伯尼（Renée Mauborgne） 著

## 19 如何找到那個引爆點？

- 《引爆趨勢》（*The Tipping Point*）／麥爾坎・葛拉威爾（Malcolm Gladwell）著
- 《異數：超凡與平凡的界線在哪裡？》（*Outliers: The Story of Success*）／麥爾坎・葛拉威爾 著

## 20 最喜歡說「不」的經濟學家

- 《失靈的年代：克魯曼看蕭條經濟》（*The Return of Depression Economics*）／保羅・克魯曼（Paul Krugman）著
- 《全球經濟預言》（*Pop Internationalism*）／保羅・克魯曼 著
- 《克魯曼觀點：拚有感經濟》（*End This Depression Now!*）／保羅・克魯曼 著
- 《一九二九年大崩盤》（*The Great Crash 1929*）／約翰・高伯瑞（John Kenneth Galbraith）著
- 《大蕭條》（*Essays on the Great Depression*）／班・柏南奇（Ben Shalom Bernanke）著

## 21 大股災燒出的超級明星

- 《非理性繁榮》（*Irrational Exuberance*）／羅伯・席勒（Robert J. Shiller）著
- 《金融與美好社會》（*Finance and the Good Society*）／羅伯・席勒 著
- 《摩根財團：美國一代銀行王朝和現代金融業的崛起》（*The House of Morgan: An American Banking Dynasty and the Rise of Modern Finance*）／朗・契諾（Ron Chernow）著
- 《索羅斯金融煉金術》（*The Alchemy of Finance*）／喬治・索羅斯（George Soros）著

## 22 為「守夜人」劃定邊界

- 《政府爲什麼干預經濟》／約瑟夫・史迪格里茲（Joseph F. Stiglitz）著
- 《政府的經濟角色》（*The Economic Role of the State*）／約瑟夫・史迪格里茲 著
- 《全球化及其不滿》（*Globalization and Its Discontents*）／約瑟夫・史迪格里茲 著
- 《狂飆的十年》（*The Roaring Nineties*）／約瑟夫・史迪格里茲 著
- 《不公平的代價》（*The Price of Inequality*）／約瑟夫・史迪格里茲 著
- 《國家爲什麼會失敗：權力、富裕與貧困的根源》（*Why Nations Fail: The Origins of Power, Prosperity, and Poverty*）／戴倫・艾塞默魯（Daron Acemoglu）、詹姆斯・羅賓森（James A. Robinson）著

## 23 讓公平重新回到辯論的中心

- 《二十一世紀資本論》（*Capital in the Twenty-First Century*）／托瑪・皮凱提（Thomas Piketty）著
- 《資本主義十講》（*Le capitalisme en dix leçons*）／米歇爾・于松（Michel Husson）著

## 24 家庭主婦對城市的抗議

- 《偉大城市的誕生與衰亡》（*The Death and Life of Great American Cities*）／珍・雅各（Jane Jacobs）著
- 《最後的知識分子》（*The Last Intellectuals*）／羅素・雅柯比（Russell Jacoby）著
- 《城市的勝利：都市如何推動國家經濟，讓生活更富足、快樂、環保？》（*Triumph of the City: How Our Greatest Invention Makes Us Richer, Smarter, Greener, Healthier, and Happier*）／愛德華・格雷瑟（Edward Glaeser）著

## 25 把新世界的地圖徐徐展開

- 《第三波》（*The Third Wave*）／艾文・托佛勒（Alvin Toffler） 著
- 《未來的衝擊》（*Future Shock*）／艾文・托佛勒 著
- 《大未來》（*Powershift*）／艾文・托佛勒 著
- 《數位革命》（*Being Digital*）／尼古拉斯・尼葛洛龐帝（Nicholas Negroponte） 著

## 26 網路世界的「預言帝」

- 《釋控》（*Out of Control*）／凱文・凱利（Kevin Kelly） 著
- 《必然》（*The Inevitable*）／凱文・凱利 著
- 《科技想要什麼》（*What Technology Wants*）／凱文・凱利 著

## 27 機器什麼時候戰勝人類？

- 《奇點臨近》（*The Singularity is Near*）／雷・庫茲威爾（Ray Kurzweil） 著
- 《時間簡史》（*A Brief History of Time*）／史蒂芬・霍金（Stephen Hawking） 著

## 28 一組動聽的全球化讚歌

- 《世界是平的》（*The World is Flat*）／湯馬斯・佛里曼（Thomas Friedman） 著
- 《了解全球化》（*The Lexus and the Olive Tree: Understanding Globalization*）／湯馬斯・佛里曼 著
- 《世界又熱、又平、又擠》（*Hot, Flat, and Crowded*）／湯馬斯・佛里曼 著

## 29 百分之九十九的人將成無用之人？

- 《人類大歷史：從野獸到扮演上帝》（*Sapiens: A Brief History of Humankind*）／尤瓦爾・哈拉瑞（Yuval Harari）著
- 《人類大命運：從智人到神人》（*Homo Deus：A Brief History of Tomorrow*）／尤瓦爾・哈拉瑞　著
- 《二十一世紀的二十一堂課》（*21 Lessons for the 21st Century*）／尤瓦爾・哈拉瑞　著

## 30 如何攻陷內心的巴士底監獄？

- 《舊制度與大革命》（*L'Ancien Régime et la Révolution*）／阿勒克西・德・托克維爾（Alexis-Charles-Henri Clérel de Tocqueville）著
- 《民主在美國》（*De la Démocratie en Amérique*）／阿勒克西・德・托克維爾　著
- 《法國大革命反思錄》（*Reflections on the Revolution in France*）／艾德蒙・伯克（Edmund Burke）著
- 《法國大革命前夕的輿論與謠言》（*Dire et mal dire: L'opinion Publique au XVIIIe Siècle*）／阿萊特・法爾熱（Arlette Farge）著

## 31 一位歐洲共產黨員的歷史書寫

- 《革命的年代：1789-1848》（*The Age of Revolution: 1789-1848*）／艾瑞克・霍布斯邦（Eric Hobsbawm）著
- 《資本的年代：1848-1875》（*The Age of Capital: 1848–1875*）／艾瑞克・霍布斯邦　著
- 《帝國的年代：1875-1914》（*The Age of Empire: 1875–1914*）／艾瑞克・霍布斯邦　著
- 《極端的年代：1914-1991》（*The Age of Extremes: The Short Twentieth Century, 1914-1991*）／艾瑞克・霍布斯邦　著

- 《戰後歐洲六十年 1945-2005》（全四卷）（*Postwar: A History of Europe since 1945*）／東尼・賈德（Tony Judt）著

## 32 發明了「中美國」概念的英國人

- 《巨人》（*Colossus*）／尼爾・弗格森（Niall Ferguson）著
- 《未曾發生的歷史》（*Virtual History*）／尼爾・弗格森 著
- 《羅斯柴爾德家族》（*The House of Rothschild*）／尼爾・弗格森 著
- 《帝國》（*Empire*）／尼爾・弗格森 著
- 《世界戰爭》（*The War of the World*）／尼爾・弗格森 著
- 《貨幣崛起》（*The Ascent of Money*）／尼爾・弗格森 著
- 《文明》（*Civilization*）／尼爾・弗格森 著
- 《西方文明的4個黑盒子》（*The Great Degeneration*）／尼爾・弗格森 著
- 《紙與鐵》（*Paper and Iron*）／尼爾・弗格森 著
- 《頂級金融家》（*High Financier*）／尼爾・弗格森 著

## 33 一個走不出去的「福山困境」

- 《歷史之終結與最後一人》（*The End of History and the Last Man*）／法蘭西斯・福山（Francis Fukuyama）著
- 《政治秩序與政治衰敗》（*Political Order and Political Decay*）／法蘭西斯・福山 著
- 《政治秩序的起源》（*The Origins of Political Order*）／法蘭西斯・福山 著

- 《變動社會的政治秩序》（*Political Order in Changing Societies*）／薩謬爾・杭亭頓（Samuel P. Huntington）著

## 34 五百年視野裡的美國與中國

- 《霸權興衰史：一五〇〇至二〇〇〇年的經濟變遷與軍事衝突》（*The Rise and Fall of the Great Powers: Economic Change and Military Conflict from 1500 to 2000*）／保羅・甘迺迪（Paul Kennedy）著
- 《英國海上主導權的興衰》（*The Rise and Fall of British Naval Mastery*）／保羅・甘迺迪 著
- 《從黎明到衰頹：今日文明價值從何形成？史學大師帶你追溯西方文化五百年史》（*From Dawn to Decadence: 1500 to the Present: 500 Years of Western Cultural Life*）／雅克・巴森（Jacques Barzun）著
- 《西方的沒落》（*Der Untergang des Abendlandes*）／奧斯瓦爾德・斯賓格勒（Oswald Spengler）著
- 《耶路撒冷三千年》（*Jerusalem: The Biography*）／賽門・蒙提費歐里（Simon Sebag Montefiore）著

## 35 一本有趣的文明進化簡史

- 《槍炮、病菌與鋼鐵：人類社會的命運》（*Guns, Germs, and Steel: The Fates of Human Societies*）／賈德・戴蒙（Jared Diamond）著
- 《改變世界的一〇〇一項發明》（*1001 Inventions That Changed the World*）／傑克・查隆納（Jack Challoner）主編
- 《菊與刀》（*The Chrysanthemum and the Sword*）／露絲・潘乃德（Ruth Benedict）著

## 36 為了到達頂峰，你不需要什麼門票

- 《影響歷史的商業七巨頭》（*Giants of Enterprise: Seven Business Innovators and the Empires They Built*）／李察・

泰德羅（Richard Tedlow）著

- 《藍血十傑：創建美國商業根基的二戰菁英》（*The Whiz Kids: The Founding Fathers of American Business - And the Legacy they Left Us*）／約翰・百恩（John A. Byrne）著
- 《人類群星閃耀時》（*Decisive Moments in History*）／史蒂芬・茨威格 著
- 《三大師傳》（*Three Masters: Balzac, Dickens, Dostoeffsky*）／史蒂芬・茨威格 著

## 37 一個做餅乾的如何拯救「藍色巨人」？

- 《誰說大象不會跳舞？》（*Who Says Elephants Can't Dance?*）／路・葛斯納（Louis Gerstner）著
- 《SONY巨人的崛起》（*Sony: The Private Life*）／約翰・納森（John Nathan）著
- 《下一個倒下的會不會是華為》／田濤、吳春波 著
- 《騰訊傳：1998-2016——中國互聯網公司進化論》／吳曉波 著

## 38 他穿越了死亡之谷

- 《十倍速時代》（*Only the Paranoid Survive*）／安迪・葛洛夫（Andy Grove）著
- 《葛洛夫給經理人的第一課》（*High Output Management*）／安迪・葛洛夫 著

## 39 「全球第一CEO」養成記

- 《傑克・威爾許自傳》（*Jack: Straight from the Gut*）／傑克・威爾許（Jack Welch）著
- 《致勝》（*Winning*）／傑克・威爾許、蘇西・威爾許（Suzy Welch）著

## 40 那個種植「時間的玫瑰」的人

- 《巴菲特寫給股東的信》（*The Essays of Warren Buffett: Lessons for Corporate America*）／華倫・巴菲特（Warren Buffett）著
- 《門口的野蠻人》（*Barbarians at the Gate*）／布萊恩・伯瑞（Bryan Burrough）、約翰・赫萊爾（John Helyar）著
- 《摩根傳：美國銀行家》（*Morgan: American Financier*）／瓊・斯特勞斯（Jean Strouse）著

## 41 生來只是為了改變世界

- 《賈伯斯傳》（*Steve Jobs*）／華特・艾薩克森（Walter Isaacson）著
- 《我在通用的日子》（*My Years with General Motors*）／艾弗雷德・史隆 著
- 《自來水哲學：松下幸之助自傳》（松下幸之助夢を育てる）／松下幸之助 著
- 《日本製造》（*MADE IN JAPAN*）／盛田昭夫 著
- 《道路與夢想：我與萬科20年》／王石 著

## 42 「敬天愛人」的日本商業哲學

- 《生存之道》（生き方）／稻盛和夫 著
- 《稻盛和夫工作法：平凡變非凡》（働き方）／稻盛和夫 著
- 《稻盛和夫的實踐阿米巴經營》（稲盛和夫の実践アメーバ経営：全社員が自ら採算をつくる）／稻盛和夫 著
- 《拯救人類的哲學》（人類を救う哲学）／稻盛和夫、梅原猛 著
- 《五輪書》（ごりんのしょ）／宮本武藏 著

- 《工藝之道》（民芸とは何か）／柳宗悅 著
- 《追求超脫規模的經營：大野耐一談豐田生產方式》（トヨタ生産方式——脱規模の経営をめざして）／大野耐一 著

## 43 用腳寫出來的中國模式

- 《江村經濟》／費孝通 著
- 《城鄉中國》／周其仁 著
- 《三農問題與世紀反思》／溫鐵軍 著

## 44 費正清的眼睛

- 《美國與中國》（*The United States and China*）／費正清（John King Fairbank）著
- 《觀察中國》（*China Watch*）／費正清 著
- 《劍橋中國史》（*The Cambridge History of China*）／費正清 主編
- 《文化大革命的起源》（*The Origins of The Cultural Revolution*）（共三卷）／羅德里克・麥克法夸爾（Roderick MacFarquhar）著
- 《尋路中國》（*Country Driving*）／何偉（彼得・海斯勒，Peter Hessler）著
- 《消失中的江城》（*River Town: Two Years on the Yangtze*）／何偉 著
- 《甲骨文》（*Oracle Bones, A Journey Through Time In China*）／何偉 著

## 45 如果世界結束於一八二〇年

- 《大分流》（*The Great Divergence*）／彭慕蘭（Kenneth Pomeranz）著
- 《轉變的中國：歷史變遷與歐洲經驗的局限》（*China Transformed:Historical Change and the Limits of European Experience*）／王國斌 著
- 《中國經濟的長期表現》（*Chinese Economic Performance in the Long Run*）／安格斯・麥迪森（Angus Maddison）著
- 《講述中國歷史》（*Telling Chinese History : A Selection of Essays*）／魏斐德（Frederic Evans Wakeman, Jr.）著

## 46 一位少校軍官的「大歷史」

- 《萬曆十五年》（*1587, A Year of No Significance: The Ming Dynasty in Decline*）／黃仁宇 著
- 《婦人王氏之死》（*The Death of Woman Wang*）／史景遷（Jonathan D. Spence）著
- 《曹寅與康熙》（*Ts'ao Yin and the K'ang-hsi Emperor*）／史景遷 著
- 《胡若望的疑問》（*The Question of Hu*）／史景遷 著
- 《利瑪竇的記憶宮殿》（*The Memory Palace of Matteo Ricci*）／史景遷 著
- 《太平天國》（*God's Chinese Son: The Taiping Heavenly Kingdom of Hong Xiuquan*）／史景遷 著
- 《萬古江河》／許倬雲 著
- 《從歷史看人物》／許倬雲 著

## 47 一位訪華八十五次的政治家

- 《論中國》（*On China*）／亨利・阿爾弗雷德・季辛吉（Henry Alfred Kissinger）著

- 《中國的世界秩序》（*The Chinese World Order*）／費正清 著
- 《大外交》（*Diplomacy*）／亨利・阿爾弗雷德・季辛吉 著
- 《季辛吉傳》（*Kissinger: A Biography*）／華特・艾薩克森 著
- 《季辛吉 1923-1968 年：理想主義者》（*Kissinger: 1923-1968: The Idealist*）／尼爾・弗格森 著

## 48 中國正在過大關

- 《當代中國經濟改革》／吳敬璉 著
- 《市場的邏輯》／張維迎 著
- 《真實世界的經濟學》／周其仁 著
- 《新結構經濟學：經濟發展理論與政策的反思》（*New Structural Economics: A Framework for Rethinking Development and Policy*）／林毅夫 著
- 《全球化與中國國家轉型》（*Globalization and State Transformation in China*）／鄭永年 著
- 《自由與市場經濟》／許小年 著

## 49 亂發狂生的錯過與得到

- 《中國的經濟制度》（*The Economic System of China*）／張五常 著
- 《佃農理論》（*The Theory of Share Tenancy*）／張五常 著
- 《蜜蜂的寓言》（*The Fable of the Bees*）／張五常 著
- 《經濟解釋：張五常英語論文選》（*Economic explanation : Selected papers of Steven NS Cheung*）／張五常 著

- 《變革中國》／羅納德・寇斯（Ronald H. Coase）、王寧　著
- 《鄧小平改變中國》（*Deng Xiaoping and the Transformation of China*）／傅高義著

## 50 為當代中國企業立傳

- 《激盪三十年》／吳曉波　著
- 《跌蕩一百年》／吳曉波　著
- 《浩蕩兩千年》／吳曉波　著
- 《吳敬璉傳：一個中國經濟學家的肖像》／吳曉波　著

Beyond 024

# 當商業開始改變世界

## 從亞當•斯密到巴菲特，探看近300年世界商業思潮演變與影響

作者／吳曉波

主編／林孜懃
校對協力／陳柔安
封面設計／陳文德
內頁設計排版／陳春惠
行銷企劃／舒意雯
出版一部總編輯暨總監／王明雪

發行人／王榮文
出版發行／遠流出版事業股份有限公司
地址／100台北市南昌路2段81號6樓
電話／（02）2392-6899　傳真／（02）2392-6658　郵撥／0189456-1
著作權顧問／蕭雄淋律師

□2020年11月1日　初版一刷
定價／新台幣420元（缺頁或破損的書，請寄回更換）

ISBN 978-957-32-8892-3

遠流博識網　http://www.ylib.com　E-mail: ylib@ylib.com
遠流粉絲團　https://www.facebook.com/ylibfans

※本書簡體版名爲《影響商業的50本書》，ISBN爲978-7-308-20134-6，此中文繁體字版由杭州藍獅子文化創意股份有限公司獨家授權。

國家圖書館出版品預行編目(CIP)資料

當商業開始改變世界：從亞當.斯密到巴菲特,探看近300年世界商業思潮演變與影響 / 吳曉波著. -- 初版. -- 臺北市：遠流, 2020.11
面； 公分

ISBN 978-957-32-8892-3(平裝)

1.商業史 2.經濟學 3.推薦書目

490.9 109015524